U0558628

焦虑
心理学

纵 横 ——

著

台海出版社

图书在版编目（ＣＩＰ）数据

焦虑心理学 / 纵横著 . －－ 北京：台海出版社，2024.6

ISBN 978-7-5168-3860-0

Ⅰ . ①焦… Ⅱ . ①纵… Ⅲ . ①焦虑－心理调节－通俗读物 Ⅳ . ① B842.6-49

中国国家版本馆 CIP 数据核字（2024）第 097343 号

焦虑心理学

著　者：纵　横			
出 版 人：薛　原		封面设计：尚世视觉	
责任编辑：魏　敏			

出版发行：台海出版社

地　　址：北京市东城区景山东街 20 号 邮政编码：100009

电　　话：010-64041652（发行，邮购）

传　　真：010-84045799（总编室）

网　　址：www.taimeng.org.cnthcbs/default.htm

E － mail：thcbs@126.com

经　　销：全国各地新华书店

印　　刷：三河市双升印务有限公司

本书如有破损、缺页、装订错误，请与本社联系调换

开　　本：710 毫米 ×1000 毫米		1/32	
字　　数：120 千字		印　张：5	
版　　次：2024 年 6 月第 1 版		印　次：2024 年 6 月第 1 次印刷	
书　　号：ISBN 978-7-5168-3860-0			

定　　价：59.80 元

版权所有　　翻印必究

前 言

有人说这个时代的特性就是焦虑。甚至，这种感受已经严重影响到我们的工作和生活。但被焦虑困扰着的我们是否曾思考过，我们究竟为什么而焦虑？

仔细思考一下，你会发现，很多焦虑都是我们想象出来的。在捕风捉影而又漫无边际的想象中，我们把许多事情潜在的危险性无限地放大了。我们会无端地担心小概率事件发生在自己身上，比如担心明天就会失去工作，担心自己身患绝症，担心死神降临到自己的头上。正是这种荒唐可笑的担忧让我们变得敏感而焦虑。

在这个充满着不确定的时代里，对未来的过度担忧也是我们焦虑的一大根源。正是这种对未来的过度担忧让我们逐渐在别人的标准中迷失了自己。尤其到了而立之年，我们又开始担忧自己失业，担忧自己的孩子没有一个好的未来。当我们把注意力全都放在担忧虚无缥缈的未来时，我们便越来越焦虑。

当我们持续性焦虑，无法控制自己，实际是强迫心理在作祟。我们强迫自己不断思索内心的某些恐惧思想或观念，加重焦虑情绪。比如，很多时候我们遭遇的挫折并没有想象的那么沉重，但在我们不断地关注下、不断地暗示下，就变得不能承受了。

在挫折面前，适时地给自己一些积极的心理暗示，不要过度自责，以免被焦虑的情绪所支配。感觉到累了，那就去休息，懂得让身体与自己的内心握手言和。

在焦虑之中，我们也很可能会陷入"完美主义陷阱"。但"完美"毕竟只是一个虚幻的概念，从来没有人能真正地达到完美。在生活中你会发现，计划制订得越完美，反倒越焦虑；当你太过专注于目标时，反而做不好。由此可见，过度追求完美是一种"病"，太过用力的人走不远。在生活中，你需要的不是完美，而是完成。

一些人在焦虑中还患上了严重的"社交恐惧症"，他们惧怕谈话，害怕见到上司，厌恶同学聚会。即便是恋爱了，他们也会产生强烈的焦虑感。婚后，他们仍然被焦虑支配，整天提心吊胆，活得紧绷绷的，疲惫不堪。

放下警惕，包容对方身上的缺点，让夫妻之间的相处更加自然和真实，反而更容易幸福。

我们的焦虑不是因为别的，是因为我们想要的太多。对未来充满憧憬的我们需要明白，太过消耗自己的人不一定会得到真正的幸福，谁有最大的野心，谁就有最大的焦虑。焦虑之中，我们需要放弃一些毫无必要的坚持，给自己的人生做一次"断舍离"。

本书从生活中常见的场景出发，对我们正在经历或可能遭遇的焦虑情绪进行了深入的剖析，并在此基础上给出了相应的解决方案。希望本书最终能帮你走出焦虑，让身心得到真正的放松。

目　录

PART *1*

当你焦虑的时候，
你在焦虑什么

1. 为什么越努力越焦虑　　　/ 2

2. 有钱的人在焦虑什么　　　/ 5

3. 你有信息焦虑症吗　　　　/ 8

4. 克服广泛性焦虑障碍的方法

　　　　　　　　　　　　/ 11

PART *2*

未来焦虑：
99% 的担忧
都是多余的

1. 预想中的种种坏事，往往不会
发生　　　　　　　　　　/ 16

2. 将烦恼消除在萌芽状态　　/ 19

3. 如何应对未来的不确定性　/ 22

4. 怀有信心，未来可期　　　/ 25

PART **3**

挫折焦虑：
直面内心的恐惧

1. 面对挫折不过度敏感 /29

2. 消除不可能主义 / 32

3. 事情没你想象的那么坏 / 35

4. 能够打败你的只有你自己 / 38

5. 直面内心的恐惧 / 41

6. 以开放的心态面对失败 / 44

PART **4**

完美焦虑：
悦纳一切不完美

1. 你是典型的完美主义吗 / 48

2. 你需要的是完成 , 而不是完美 / 51

3. 接受自己是个普通人 / 54

4. 不完美是生活的一部分 / 57

PART 5

欲望焦虑：
看重你所拥有的

1. 选择越多，反而越容易焦虑

/ 61

2. 让能力配得上你的野心　　/ 64

3. 你拥有的，也是别人羡慕的

/ 67

4. 适当放弃，就是优雅地转身

/ 70

PART 6

眼光焦虑：
不为面子而活

1. 我们不可能得到所有人的认同

/ 74

2. 人活在自己心里而不是他人眼里

/ 77

3. 克服"玻璃心"　　　　　/ 80

4. 别跟着身边的人诚惶诚恐　/ 83

PART **7**

社交焦虑：
大胆点，你没那么
多观众

1. 将抵触情绪消弭于无形　　　/ 87

2. 搭讪被拒绝也没关系　　　　/ 90

3. 越宅越胆小，越怕见人　　　/ 93

4. 学不会侃侃而谈，那就从听
   开始　　　　　　　　　　　/ 96

PART **8**

恋爱焦虑：
拒绝患得患失

1. 大龄单身青年，请放下年龄
   焦虑　　　　　　　　　　　/ 100

2. 你是焦虑型依恋人格吗　　　/ 103

3. 你要的安全感只能自己给
   　　　　　　　　　　　　　/ 106

4. 爱如手中沙，攥得越紧流得
   越快　　　　　　　　　　　/ 109

PART 9

婚姻焦虑：

用松弛感来治愈

1. 放下你的控制欲　　　　　/ 113

2. 解决冲突可以不用争吵的方式
　　　　　　　　　　　　　/ 116

3. 真正好的婚姻，往往都很"自
　由"　　　　　　　　　　/ 119

4. 互相包容，相处不累　　/ 122

PART 10

失去焦虑：

不怕失去才不会失去

1. 相较于获得，我们更害怕失去
　　　　　　　　　　　　　/ 126

2. 失业不可怕，怕的是你一蹶
　不振　　　　　　　　　　/ 129

3. 失去，也是另一种开始　/ 132

4. 安全感，只能自己给自己　/ 135

PART 11

对抗焦虑：
跟这个世界和解

1. 执念太深，就变成了心魔 / 139

2. 停止跟自己较劲　　　 / 142

3. 不为小事耿耿于怀　　 / 145

4. 你想要的，岁月都会给你 / 148

当你焦虑的时候，
你在焦虑什么

PART 1

1

为什么越努力越焦虑

在我们很小的时候，耳边就回荡着各种关于"努力"的激励话语："25 岁不努力，35 岁一定一贫如洗""起跑线不能决定你的人生，但努力会""以大多数人的努力程度，根本没到拼天赋的地步"……于是我们犹如醍醐灌顶，报名各种课程，收藏各种学习视频，加班到深夜，结果却越来越迷茫：为什么努力了却没有任何效果？为什么越努力越痛苦？为什么努力得到了想要的东西却仍然不开心？

当一个人盲目地把所有的事情都贴上"努力"的标签，营造一种"我很努力"的假象，其实并没有真正地努力时，他自然不会因为这种"努力"而有所收获，只会徒增焦虑。事实上，当一个人对某个目标非常重视并努力追求时，也会出现"越努力越焦虑"的现象，因为一个人过度关注结果，就会对自己的表现过度苛责，一旦稍有差池，或者对设置过高、不切实际的目标感到无从下手时，便会引发焦虑情绪。

　　马可是一个非常上进的年轻人，他通过不断地努力工作，两年内便由普通职员一路提升为项目主管，薪水也翻了一倍。通过努力获得了显著的成绩，按理说他应该高兴才对，可他却整天愁眉不展。没完没了地加班、越来越重的业务压力，以及担心自己做不好的负面情绪，让他焦头烂额，痛苦不已。

　　"越努力越焦虑"的现象经常出现在"追求卓越"的人身上。越努力，往往意味着付出得越多，而当付出与收获不成正比，甚至短时间内没有收获时，我们就会患得患失，变得很焦虑。这也是为什么那些不努力的人反而不容易焦虑的原因，因为他们并不期待努力的回报，天上掉的馅饼就算是白捡的，没捡到也在心理预期内，心态自然好。

　　越努力越焦虑，还源自内心对于"控制感"的渴望。我们努力达成了一定的目标，取得了阶段性的胜利，便站在了更高的位置上。这个时候我们的心态就会发生一些改变。我们的视野变得更大，不再满足于当下层面的成就，而是设定了更高的目标。而更高的目标意味着难度的升级，也带来了掌控感的下降，我们就会变得比之前更焦虑。

　　站在更高的位置上，我们的境遇也会发生一些改变。我们原本处在不努力的环境里，只要稍微努力就会获得比较明显的回报。而当我们进入竞争更为激烈的环境，所有人都在努力，那么原本那点程度的努力就会显得微不足道。打个比方，原本朝九晚五的环境，你"996"就会有效果，可当你处于"996"的环境，你就会发现还有"007"。你加班到 8 点，还有人加班到 10 点；你一天打 80 个电话，还有人打 100 个。越往金字塔的顶端走，竞争自然越激烈，你很可能也会因此而越焦虑。

　　当我们越努力越焦虑时，我们要如何缓解？

👍 杜绝"假努力"

受世俗环境的影响，很多人觉得不努力是可耻的，而努力就一定有收获，因而不少人会让自己看起来非常努力，手脚不停地忙碌着，但其实大脑却很少进行有效思考，努力的效果可想而知。我们要学会杜绝"假努力"，一边努力一边思考努力的方法，找准努力的正确方向，避免陷入"越努力越焦虑"的恶性循环。

👍 减少无意义的比较

每个人多少都有点攀比心理，总觉得跟更优秀的人比较是种上进的表现。但是每个人的起点不同，境遇不一样，无意义地盲目比较，只会打击自信心，甚至导致自暴自弃。事实上，互联网各大平台分享的所谓的成功都是包装过的，普通人拿它们作为参照物，只会"人比人，气死人"。与其跟别人比，不如跟昨天的自己比，这样你才会发现每一点努力都会带来一点进步。

生活不是游戏，练级不一定爆装备，努力也不一定就能马上有回报。人生有两条路可走：一条是安于现状，得过且过，自然没什么好焦虑的；另一条则是怀抱愿景，直面挑战，努力前行，遇山开路，遇水搭桥，一边努力一边焦虑，其实也没什么大不了的。

2

有钱的人在焦虑什么

生活中，普通人的焦虑是显而易见的。他们因为房贷、车贷压力很大，因为孩子的教育内卷操心，因为老人的医疗费用着急发愁，因为自己的饭碗问题战战兢兢……一切似乎都是钱的问题，仿佛有钱了就不会再焦虑了。然而有钱人也有自己的焦虑，他们的焦虑并不比普通人少。

网上有篇帖子中写道，一个在一线城市上班、月薪 5 万的人，说他过得一贫如洗，每天都很焦虑。这篇帖子一经发布便引起了轩然大波，众多网友纷纷表示："月薪 5 万都不够花，你让月薪不到 5000 的怎么活啊？""这哪是哭穷，这是赤裸裸地炫富啊！"然而，当大家看到他的消费清单时，质疑声突然没有那么大了。原来，即便是年薪百万的人，也是有可能过成月光族。

有钱人，依然会为钱而焦虑。

首先，一部分有钱人的核心资产是房产，而房子作为不动产，变现的能力并不强，这就很可能造成了那些身价几千万的"有钱人"，其实是没多少流动资金可供使用的"穷人"。如果这些有钱人收入并不高，开销却很大，或者即使收入高，仍然入不敷出，那么他们的焦虑情绪同样不可避免。

其次，有钱人会有"失去财富"的焦虑。超级富豪最怕的事就是自己不再是超级富豪，越是有钱的人越是害怕自己的资产缩水。当一个人坐拥财富，除了承担更多的责任带来的焦虑外，他还可能因为如何守住这份财富而焦虑，以及因为想要得到更多的财富而焦虑。人的欲望是无穷无尽的，越害怕失去，越想要更多，就越要小心谨慎，与时俱进，保持对商业和财富的敏锐度。而在这个过程中，焦虑是无法避免的。

最后，有钱人的财富焦虑还源于投资的焦虑。一个人如果拥有庞大的资金，他就需要思考怎样利用银行、现有资源，实现利益的最大化。因此，他需要考虑的东西就很多：他可能需要对他的股东负责，需要为他的员工承担责任，需要操心公司明年能不能继续做下去，等等。

任正非在创办华为的时候，常常半夜哭醒，因为他担心当下这件事做不好，华为将直接灭亡。创业初期，任正非甚至患上了严重的抑郁症、焦虑症，他曾多次对员工表示："这次研发如果失败了，你们还可以另谋出路，我却只能从楼上跳下去了。"有钱人的快乐你想象不到，有钱人的焦虑你同样想象不到。

除了为钱焦虑外，有钱人仍然会为别的事情焦虑，比如子女。纪录片《亿万富翁的有钱人生》向我们展示了有钱人的生活，他们虽然有着无尽的财富，但是烦恼一点儿也不比普通人少。尤其是在孩子的教育方面，他们的焦虑全面升级。即使是身价超过一亿英镑的超级富豪，也会因为担心孩子的未来而忍不住在人前哭泣。该纪录片向我们揭示了这样一个事实，那就是，没有人的生活是无忧无虑的，包括亿万富翁。

上海浦东某小学的家委会选举一度成为网络热点，父母们纷纷晒出自己或有钱，或有势，或有权有势又有能力的"神履历"，去竞选小小的班级家委会会长。可见，有钱人除了需要依靠炫耀和比较来支撑幸福感和刷存在感外，同样很焦虑。他们虽然有钱，但并不是无所不能，也不是想要什么就能有什么。他们也需要竞争，也会在我们看不到的地方焦虑着。

村里的人会觉得如果自己在县里有套房，再有几万元钱存款就不会焦虑了。县里的人觉得如果自己在城里有套房，再有几十万元存款，就不用去上那几千元钱一个月的班了。事实上，等真到了那一步，人们还会想去更大的城市再买套房，最好还能是学区房，以便让孩子能够在更好的学校上学。

每个人都有自己的焦虑，不同阶段的自己也会有不同的焦虑。我们只有将那份普遍存在的焦虑，转化为前行的动力，才是面对焦虑时最明智的选择。

3

你有信息焦虑症吗

你是否出现过这样的情形：半小时内要检查五遍以上手机，当发现没有新消息时会有些失落，而看到未读消息的"小红点"则异常兴奋；因为某些原因而不能上网时，整个人都变得焦虑烦躁，一整天都会觉得心里空落落的；逛街购物时看到喜欢的商品，也会马上打开手机对比网上的价格……这些生活中习以为常的现象，通通都是过量信息给人带来的焦虑心理反应。

所谓的信息焦虑症，是指人在短时间内接受了大量繁杂的信息后，超出了承受范围，来不及消化吸收，便会给大脑造成负担和压迫，从而产生一系列的焦虑、烦躁、紧张、恐慌等情绪。这些情绪非常接近精神病学中的焦虑症状，因而这种因信息接触过度而引起的症状就被称为"信息焦虑症"。

现代社会，信息爆炸，我们每天都会接收大量的信息，生怕会落伍，往往刚读完一部分信息，又立马会花更多的时间去接收新的信息。我们对新信息的渴求，其实是为了满足我们的好奇心。当我们的探索欲望被满足时，大脑就会分泌出多巴胺，我们会因此获得短暂的愉悦感，而这份愉悦奖赏会促使我们不断地去接收新信息。一旦接收不到新信息，或者信息过载导致接收无能，我们就会感到焦虑。

　　邱芸最近热衷于各类进行自我提升的知识付费课程，如健身课程、投资课程及各种技能课程。她把曾经想学的东西通通安排上了，可等付完费后才发现根本挤不出时间来学习。要学习的课程越来越多，收藏夹里的"干货"也越来越多，邱芸非但没有变得更好，反而越来越焦虑。很多时候，她并非没有空闲的时间，只是都用在了刷短视频和朋友圈上，一刷就是几个小时，根本停不下来……

　　信息焦虑会耗尽我们的专注力。一份伦敦大学的研究报告称，信息过载对人的影响可能比吸食大麻还糟。一个人吸一支大麻烟，他的智商可能暂时会下降40%；而一个人处于随时收发信息的状态，他的大脑很可能直接关机，智商完全丧失。有心理学专家解释道，这是因为我们不断地停下来检查新信息，而这会把我们的专注力耗尽。

　　信息焦虑会榨取我们的时间。即时通信、实时报道，一个又一个热点事件，一个又一个收藏和待办事项，挤满了我们的日常生活。身边的资讯和信息越来越多，时间在不知不觉中飞逝，我们在不停地追逐新信息的过程中，逐渐陷入信息过载的压力和焦虑的恶性循环中。

　　人的时间、精力和记忆力都是有限的，在面对铺天盖地的信息时，我们如何才能真正摆脱信息焦虑的阴影呢？

👍 有选择地接收信息 +

人生有涯而知识无涯，我们能够关注的领域非常有限。对我们来说，那些没时间转化加工的信息，是无法创造价值的。面对海量的信息，我们要学会将其进行整理分类，坚决摒弃那些我们并不需要的信息，让我们的识大脑对无用信息进行"断舍离"。这样我们才能有更多空间去消化吸收对我们有用的高质量信息，也能保证每天都有一段"信息空白"的时间来让自己喘口气。

👍 减少对信息的过度依赖 +

信息焦虑症患者大多是过分依赖信息工具的人，这类人的工作通常也需要他们依赖并使用海量信息。如果想摆脱信息焦虑的困扰，这类人不妨在工作之外尽可能减少对外界信息的摄入，取而代之以培养自己的兴趣爱好，从而转移这份焦虑。想要减少对信息的过度依赖，我们就要静下心来告诉自己，信息并非是决定成败的唯一因素，它们的作用也并没有想象中的那么大。

这是一个信息泛滥的时代，当我们如饥似渴地吸收着外界的信息时，信息是足够了，可是如果没有行动，又何谈改变？就像收藏夹里的各种健身视频，如果只是眼睛看到了，心里知道了，身体没有做到，又有什么用呢？与其深陷信息焦虑的泥潭，不如马上行动起来。

④

克服广泛性焦虑障碍的方法

焦虑原本是一种正常的、健康的情绪，我们每个人都或多或少有过这种情绪。适当的焦虑通常可以帮助我们避开危险，或是督促我们进步。然而，如果经常焦虑，持续焦虑，对什么事都很容易感到焦虑，那么这种焦虑就会给我们的生活和工作带来不好的影响。这种焦虑被称为"广泛性焦虑"。

王佳佳便是这样一个具有广泛性焦虑症的人。尤其是到了晚上，她躺在床上，合上双眼，正准备睡觉的时候，白天的各种担忧便汹涌而来："今天跟小米聊天时，我是不是说错话了？她好像有点不高兴了，我是不是惹她讨厌了……那件事我那样做有没有问题？会不会让人产生误解……这个行业走下去会有出路吗？我要不要再看看其他渠道，还是再坚持一段时间……"王佳佳越想越焦虑，越焦虑越睡不着。她几乎每天都要经历一遍这样的"反思"，然后担心得辗转难眠，结果每天都疲惫不堪。

什么是广泛性焦虑障碍？简单而言，就是无明确固定对象的、广泛存在于生活方方面面的一种焦虑情绪。患有广泛性焦虑障碍的人会认为自己必须要时刻保持警惕，才能避免无处不在的危险。像这样长期高度戒备、精神紧张的高压状态，必然会对日常生活造成很大的困扰，不仅会给人带来明显的负面情绪，如紧张暴躁、焦虑不安等，甚至还会让人产生一些不良症状，如失眠、注意力难以集中、易疲劳等。

要想克服广泛性焦虑障碍，我们不妨尝试以下几种方法。

👍 坚持锻炼

每天至少锻炼半小时，如跑步、跳绳、打球或其他运动。每天锻炼半小时不只能强身健体，更重要的是能放松我们的身心，消耗我们的肾上腺素，让下丘脑恢复平静，让大脑分泌出能使我们感到快乐的内啡肽，避免焦虑的应激反应。

👍 调整作息

焦虑会导致睡眠障碍，而睡眠不足则又反过来加剧焦虑。相关研究显示，经过 8 小时的睡眠之后，人的体温、心率和神经活动都会降低，而这些都会显著缓解焦虑程度，因此调整好日常生活作息，保持充足的睡眠，显得尤为重要。我们要坚持劳逸结合，不要熬夜，不要在床上工作。即使睡不着也不要刷手机，因为越刷越睡不着，越睡不着越焦虑。如果失眠，我们不妨通过将室内光线调暗、放些轻松的音乐、洗个热水澡、喝杯热牛奶等来助眠。

👍 保持均衡饮食

吃下去的食物会影响人的思想。相关研究显示，在我们的消化道和大脑之间有超过一千万种神经递质，它们相互传递。我们只需每天摄取适量的蛋白质、碳水化合物和蔬菜，并多喝水，保持均衡的饮食，便可以让身体释放快乐的激素，从而缓解自身的焦虑情绪。

👍 学会放松

焦虑的一大症状便是紧张不安，难以放松。因此，我们不妨找个舒服的地方坐着，想象着自己从头皮开始慢慢放松，然后到眉毛、眼睛、鼻子、嘴巴、躯干、四肢，一点一点放松下来。当你摒弃杂念，让你的身体跟随着意识慢慢放松，你整个人就会逐步放松下来。

👍 找到内心的平衡点

我们要尝试着改变自己的思维方式，调整心态，不过度比较，减少对自己的评判，拒绝给自己贴负面标签，不被消极想法牵着鼻子走，保持内心的平衡，相信没有什么比自己更重要。当你在不经意间陷入焦虑的情绪中时，你不妨猛拍一下桌子，通过外界的巨响或巨大的震动，打断自己的意识，重新找回内心的平衡点。

👍 停止对抗 +

当你已经焦虑不堪时，不妨尝试着真正活在当下，而不是与过去的错误、未来的担忧或现实的不公纠缠、对抗，也不要与你的身体状态、感受、缺陷等其他一切存在对抗。你可以试着用接纳的心态，单纯地体验自己的存在，什么都不用做。

焦虑其实并不是一件坏东西，它是我们的大脑应对环境威胁的一种防卫机制。面对焦虑情绪，我们无须如临大敌。只需要一步步调整心态，改变认知，坚持正确的方法，我们就可以摆脱广泛性焦虑障碍的阴影。

未来焦虑：99% 的担忧都是多余的

PART 2

①

预想中的种种坏事，往往不会发生

有人说："人类最大的愚蠢就是，为还没有发生的事情过度担忧。"预想中未来可能会发生的事情，很多时候只是我们的主观臆想，很大概率不会发生。为一些可能都不存在的事情而感到痛苦，的确是天底下最傻的行为。

在撒哈拉沙漠，有一种土灰色的沙鼠。每当旱季来临的时候，它们就会疯狂囤积草根，从早到晚，满嘴搬运着草根，忙得不可开交。事实上，一只沙鼠在旱季里，只需要吃两千克草根，可每只沙鼠往往却要运回不止十千克的草根，否则它们就会焦躁不安，嗷嗷叫个不停。结果，大部分草根最后都烂在了洞里，沙鼠还要费尽力气将它们一点一点清理出去。当别的小动物都在享受阳光和美食的时候，只有沙鼠忙忙碌碌，疲惫不堪。

生活中，很多人都像这种沙鼠一样，总是为了明天提前焦虑，经常干杞人忧天的傻事：明天考试了，担心自己发挥失常；明天要做述职报告，担心自己没准备好；面对从没涉猎过的艰难任务，夜夜担心得睡不着觉……我们大多数的痛苦往往不是事实本身所带来的，而是依据事实或是仅靠想象延伸出来的。我们总是习惯于预支明天的烦恼，妄想能提前解决未来的隐患，然而提前焦虑的结果是，要么白担心一场，影响了当下的心情，要么担心也是白搭，该发生的始终会发生。

20 世纪最伟大的心灵导师和成功学大师戴尔·卡耐基有句经典名言："那些你所担忧的事情，99% 都不会发生。"卡耐基的童年是在农场中度过的。一天，他在帮母亲摘樱桃的时候，突然大哭了起来。母亲询问原因，他说他担心被闪电劈死。不仅如此，他还经常担心食物不够吃，担心有人会割下他的耳朵，担心女孩子会取笑他，担心没人愿意嫁给他，同时也担心不知道对未来的太太说的第一句话是什么……等他逐渐长大，他才发现，那些让他担惊受怕、寝食难安的事情，几乎都没有发生。

为什么我们会对还未发生的事情感到如此恐惧？一方面，这与我们的进化有关。我们的祖先之所以能生存下来，是因为可以通过担心和恐惧等情绪来保护自己免于潜在的危险。即使如今我们早已摆脱了生存上的种种险境，也仍然保留了这种原始本能。另一方面，这也与竞争环境有关。现代社会竞争压力无处不在，成功充满了无数风险以及不确定性。面对无法掌控的未来，我们感到无力的同时，内心充满了焦虑和恐惧。

宾夕法尼亚大学的一项研究表明，在我们担心的事情中，只有16% 有可能会发生，若提前做好充分准备，往往还可以有效避免，真正会发生的事情仅有 5%。也就是说，我们大部分的痛苦和焦虑都是毫无必要的，因为我们所担忧的事情往往不会发生。很多时候，我们对未来的焦虑和恐惧，只是源于我们脑海中幻想出来的某种可能性，与真实的"危险"毫无关系。我们不停地担心自己即将面对的困境和失败，却很少意识到，这种担心是否真的会成为现实。

很多时候，让我们停滞不前的，不是现实的困境，而是脑海中无妄的预想。我们该如何避免让自己陷于这种没有必要的担忧呢？

👍 专注当下 +

与其担忧未来，不如将注意力集中在当下，专注于眼前正在发生的事情。无论是学习、工作还是生活，只有全身心地投入其中，全力以赴，才能取得最佳效果。也只有这样，我们才不会有多余的精力去担心还未发生的预想，错失大好时光。

👍 关注过程而不是结果 +

坏事情总会发生，过度担心并不能改变分毫。事实上，我们无论做什么事情都存在失败的可能。与其纠结于可能出现的失败的结果，不如关注行动的过程，享受过程中的乐趣和收获。即使失败，也是一次成长的机会。如果我们整天为还没发生的失败的结果而痛苦，那么即使坏事情真的发生了，我们也只不过是痛苦两次而已。

古罗马诗人奥维德说："过不好今天的人，明天会过得更糟。"我们要想活得快乐，就不要对未来妄加揣测。我们的痛苦大多来源于我们的想象，真正值得痛苦的事情其实少之又少。

将烦恼消除在萌芽状态

管理情绪的最高境界不是在负面情绪爆发时才拼命去克制，而是让负面情绪在萌芽状态时就被抑制。将忧愁与烦恼消除在萌芽状态，我们才能逐渐养成平和的心态，拥抱更好的生活。

生活中，我们可能会因为遭遇挫折或追求完美而感到失落和沮丧，可能会因为一些意料之外的小事而烦躁不安，也可能会因为无法控制自己的欲望、情感而感到焦虑和抑郁。人非圣贤，烦恼似乎无处不在。

从心理学的角度来讲，人在面对不顺心的事情时，总会感到烦恼和焦虑，这是很自然的心理反应。当人面对烦恼和压力时，大脑会释放肾上腺素、皮质醇等化学物质，这些物质可以帮助我们应对困难和挑战，但同时也会无可避免地带来一些负面影响，如失眠、疲惫、食欲不振等。而负面影响越大、越持久，烦恼越是不容易消解。

电视剧《天道》中有一段这样的剧情：丁元英住进古城后，

早上起来习惯去楼下吃一碗馄饨。一天，他照常先把钱付了，然后要了一碗馄饨。等他吃完正准备走人的时候，摊主却叫住了他，让他付钱。

丁元英愣了一下，抬头看着摊主，停顿了几秒后，最终什么也没说，又付了一份钱走了。这时候旁边人告诉摊主说："人家吃之前已经给过钱了。"摊主这才回过神来，而后不解道："啊，我都忘了，他怎么不说一声呢？真是个怪人。算了，反正他天天来，下次不收他钱就是了。"

丁元英是忘了自己付过钱了吗？当然不是，他之所以会为一碗馄饨掏两份钱，是因为他有着与常人不同的换算思维。重新付一次钱，从而避免可能出现的争吵和喋喋不休，是他脑海中找到的最优解。这只是世俗中的一件小事而已，丁元英觉得大可不必在这样的小事上浪费时间，徒增烦恼。

很多时候，烦恼、忧愁、沮丧等糟糕的情绪，就像一股黑暗的力量，会不断掏空一个人的身心，越是放任不管，越是会让自己深陷情绪的泥潭，什么事都做不好。当烦恼耗费了我们太多的精力，影响了我们一整天的心情，浪费了我们宝贵的时间之后，我们就没有更多的时间和精力去干一些值得干的事情了。

有着"千古完人"美名的曾国藩曾说："将胡思乱想消灭于萌芽状态，是最大的生存智慧。"生活中只要有不好的想法，曾国藩就会立即将其扼杀在萌芽状态。久而久之，那些不好的想法和心理习惯慢慢就消失了。这便是曾国藩的修身养性之道，虽然看似简单，但最终让曾国藩变成一个极度自律的"完人"。

冰冻三尺，非一日之寒，参天大树也并非在一朝一夕之间长成。

烦恼也是如此，所有的烦恼，都是经过长时间的积累而来。刚发芽的小树苗，很容易连根拔起；枝叶繁茂的小树，费点力气，也能拔除；而那参天大树，合抱之木，凭借一个人徒手的力量，是万万不可能拔除的。

烦恼也是如此，如果让烦恼堆积如山，再想轻易去除，是不太可能的。只有在其还处于萌芽状态，才能花最小的力气，最有效地清除。那么，我们具体该如何将烦恼消除在萌芽状态呢？

👍 深呼吸

我们感到烦恼或紧张的时候，不妨尝试深吸一口气，然后缓慢地呼出来。这个看似不起眼的小动作，往往蕴含着大大的能量。它可以有效帮助我们放松身体和心情，缓解焦虑和压力，将刚刚冒头的不良情绪消灭在萌芽状态。

👍 转移注意力

当我们感知到自身陷入负面情绪时，千万不要放任自己越陷越深，而是要第一时间尝试着将自己的注意力转移到其他事情上去，比如运动、听音乐、看书等。通过转移注意力的方式，让自己暂时忘记负面情绪，等平复好心情后再去想办法积极地解决出现的问题。

神医扁鹊三兄弟中，其实老大的医术才是最好的，因为他的医术主在预防，常常疾病还没恶化就已经药到病除了。常言道，防患于未然，处理情绪问题也应该找到源头，学会预防问题的发生，将问题扼杀在萌芽状态，以起到事半功倍的效果。

③

如何应对未来的不确定性

现代社会，瞬息万变，没有铁饭碗，没有确定的未来，一切都充满了未知，我们称之为"不确定性"。

然而，我们很多人却在追寻一份"确定性"。有人选择一份安定的工作，回老家过着朝九晚五的小日子；有人奋斗在大城市，流行什么就学什么，仿佛不去追赶趋势很快就会被淘汰；有人担忧未来，也选择踏踏实实地学习，但只是看上去很努力，更多的是一种面对未知的恐惧时，想让自己忙起来而已……

人之所以追求"确定性"，是因为我们的大脑对这些"不确定性"的反应十分消极，它会让人感到焦虑不安。而"确定性"则会给我们带来安全感、掌控感和舒适感。生活越稳定，越会让我们觉得踏实，这是人之常情，本无可厚非。可是现实却无可避免充满各种未知，我们可能会遭遇工作中的挫折、学业中的困难、人际相处中的冲突及未来的种种变故。于是，我们手足无措，满心迷茫。

加利福尼亚州的心理治疗师玛格丽特·科克伦说："我们的忧患意识与生俱来，这是一种生存机制。我们的大脑在过去的一万年中并没有进化多少，仍然保留了这种忧患意识，时刻保持着对危险的警惕，避免一味地享乐。"而长期处在这种频繁、过度的忧虑中，会让我们的身体不断释放肾上腺素。这些过高的应激激素水平会对我们的人体机能产生很多不利的影响，比如会导致高血压、肥胖症等疾病。

👍 马上行动

哈佛医学院的心理学专家瑞安·简·雅各比说："当你开始担忧时，你的大脑很可能就会陷入一个兔子洞，然后在脑海中反复思考这些消极因素。这种状态所带来的精神负担会让人筋疲力尽。"与其不停地反刍过去、担忧未来，不如放空大脑，马上行动起来，边行动边思考边调整。

　　某电视台要制作一期新的访谈类节目，策划任务交到了主持人出身的马冬冬手里。马冬冬顿觉压力巨大，因为他从来也没有策划过一期栏目，没有任何编导经验。在他硬着头皮跟团队商议了很久，依然拿不出一个满意的结果后，他决定去找台领导。

　　在等台领导的时候，他随意地跟一位老编导聊了聊。老编导笑着道："你就是想太多了，先开个头，慢慢再调整呗。谁也不能一口吃成个胖子。"

　　老编导的一席话让马冬冬犹如醍醐灌顶，于是他决定带着团队试探性地做一期节目。意料之中的是，他们的节目果然遭到了台领导的否定，不过与此同时，也得到了台领导宝贵的修改意见。在一遍遍地修改和打磨中，马冬冬越来越得心应手，最终打造了一台收视率超高的访谈类节目。

当我们为未来的不确定性而担忧时，最好的办法就是马上行动。与其焦虑于事情能不能做好，不如马上着手去做。过度的担忧只会束缚手脚，那种"思想上的巨人，行动上的矮子"，只会让自己更焦虑。

👍 不要去想最坏的情况

做最坏的打算，尽最大的努力。这句话似乎很有道理，可当一个人很容易焦虑时，去想象最糟糕的情况便容易导致一种糟糕的悲观心境。虽然假设最坏的情况要比面对未知的恐惧要更容易接受一些，但是这种悲观心态仍然是不健康的，而且也并无必要。

处理不确定性的最好方法就是尝试着去适应它，坦然接受种种未知。当你试图接纳那些不确定性因素，而不是恐惧它或者试图改变它时，你就会发现，事情似乎并不会在短期内就会变得不明确，事情的发展虽然超出了意料，但也并不意味着你就不能重新掌控它，也不意味着你的整个生活会因此而失控。

未来总会发生一些不确定或者与自己规划不一致的事情，我们很可能会因此变得无所适从。但如果我们就此陷入恐慌，只会对事情的展开更加不利。作为普通人，我们需要的是通过一点一滴的、脚踏实地的努力，改变自己对事情发展的消极看法，这样才能更好地迎接未来的种种不确定。

怀有信心，未来可期

　　面对不确定的未来，有人"压力山大"，担心找不到好工作；有人无所适从，担心成为剩男剩女；还有人焦虑不堪，担心失业以及生老病死……当然，也有人摩拳擦掌，跃跃欲试，因为他们满怀信心，觉得未来可期。

　　不一样的人在面对同样的问题时，反应往往不尽相同，这其实是我们的思维方式在发挥着作用。遇到困难的时候，很多人的第一反应都是沮丧、逃避，甚至自我否定，这实际上是出于自我保护的一种本能，不必过多自责。而在这之后，每个人所采取的应对措施就因人而异了。消极的人更多的是抱怨、焦虑，是灰心丧气，他们觉得努力也没什么用，便拒绝做任何尝试；而积极的人，即便问题超出了目前的能力范围，也会用良好的心态去面对，并积极地探寻解决之道。

　　要想改变消极的心态，减少对未来的恐惧和无助情绪，首先要做的便是改变自己消极的思维模式。世界在变化，我们也在成长。相信随着我们的成长，我们能很好地应对现实的变化，这其实是一种成长型思维。

具有成长型思维的人，不会给自己贴上固定标签，或是对自己失去信心。他们即使感到沮丧，也会做好充分准备去直面挑战，继续奋斗。具有成长型思维的人，不会给自己的人生设限，他们会认为每一天都是新的起点，每一天都可以突破极限，重新创造更好的未来。

著名历史学家尤瓦尔·赫拉利，在《未来简史》中写道："未来人类要准备好每十年重塑自己一次，扔掉自己过时的知识、技能、经验、假设和人脉，重新来过。"现在看来，十年还是太长了，可能3—5年我们就需要重塑一次，甚至更短的时间。

镇子上有个鞋匠，因为会些简单的设计，所以他做的鞋子深受大家欢迎。附近的人几乎都会去找他做鞋子，他的生意也一直很好。

然而，随着时间的推移，他做的鞋子越来越跟不上众人的审美需求了。客人想要一些时髦的款式，他表示不会做；客人想要一些新款，他做出来的鞋子始终还是那几款。时间久了，来店里光顾的客人变得越来越少。

有人劝他有空多研究研究流行的款式，跟上潮流，他却嫌麻烦，始终不愿意行动，还表示别人不喜欢他的鞋，是因为他们没眼光。

后来，小镇上多了好几家新潮的鞋店，里面卖的鞋子大都出自设计专业的学生。他们设计的鞋子更时尚，不仅好穿，而且好看。没过多久，老鞋匠的生意就再也做不下去了。

　　现代社会，日新月异。为了更好地适应社会的发展，为了不被社会所淘汰，我们每个人在该改变的时候一定要改变。也许改变的时候很痛苦、很疲惫，但如果故步自封，不思进取，我们便很难有信心拥抱可以预期的未来。

　　法国作家安德烈说："人类如果没有告别旧日海岸的勇气，也就不会发现新大陆。"事实上，不管处于人生的哪个阶段，我们都应该避免把自己禁锢在固定型思维中，而是要努力培养自己的成长型思维，以更加开放的心态，不断学习和成长。我们只有敢于突破自己的边界，进化自己的能力，迭代自己的心智，未来的路才会越走越宽，越走越有信心。

　　我们每天都要处理大大小小的问题，有时是处于简单模式，我们可以轻松应对；有时是处于困难模式，我们不知如何下手；有时则是处于地狱模式，我们大受打击，甚至一蹶不振。成长型思维是我们每个人都需要的思维模式，它能让我们从琐碎的生活中跳出来，从更广阔的维度去看待我们的生活，接纳我们自己，并作为一个旁观者重新审视自己，从而改变我们面对生活的态度，面对失败的态度，让我们看到生活的积极之处，感受到未来可期。

挫折焦虑：直面
内心的恐惧

PART 3

面对挫折不过度敏感

生活中，我们经常会因为一些小挫折而辗转难眠：白天的工作出错了，老板会不会对我失望了？同事们窃窃私语，是不是也在看不起我？聊天时朋友发了那个表情，是不是我说的话惹他不快了……

据相关数据统计，生活中有五分之一的人都对情绪和环境感受有着高度的敏感性。这原本并不是一件坏事，因为拥有这种特质的人往往也意味着具有善于观察、心思缜密、认真负责等良好品质。然而这样的人往往幸福感比较低，因为敏锐而丰富的感知力，很容易让他们陷入自我否定和精神内耗的泥潭中。尤其是在遭遇挫折、冲突时他们很容易不堪重负，痛苦不已。

日本作家渡边淳一在《钝感力》一书中，首次将"钝感力"一词带入大众视野。所谓的钝感力，是指一种"迟钝的力量"，是一种从容面对生活中各种挫折和伤痛的能力。渡边淳一认为："钝感力并不是简单的反应迟钝，而是有智慧地摆脱世间各种负面的羁绊，简单且快乐地去做自己想做的事情。"

从心理学的角度而言，当我们的注意力集中在某些事情上时，对其他信息的感知力就会降低，这种现象叫作"负面注意"。钝感力便是一种负面注意，它可以被理解为，我们在感知挫折、伤痛时，通过降低感受性或者敏感性，以更为轻松、理性的心态去适应，从而能够更加坚定地朝着自己的方向前进。

> 22岁的王阳明第一次参加科举考试，结果出乎意料地名落孙山。很多朋友都为他感到惋惜，而王阳明却洋洋洒洒地写了一篇《状元赋》。这篇颇具文采的诗赋传到朝中，收获了一众好评，同时也不乏诋毁，但王阳明丝毫不受影响，依然每天按部就班地生活。
>
> 25岁的王阳明再次参加科考，竟然又一次落榜了。这次为王阳明着急和惋惜的人更多了，有的甚至连连叹气。谁知王阳明却气定神闲地反过来安慰朋友道："世人都以为落榜是一件羞耻的事，而我却觉得因为落榜就动摇自己的心性，才是最羞耻的事情。"

王阳明的这份宠辱不惊，便是一种钝感力。古人宁静淡泊的典范不在少数，现代人在丰富的物质生活中，信息更多，选择更多，精神上却变得更为敏感，反而失去了生活中简简单单的快乐。事实上，钝感力不仅能提升个人的幸福感，还能让我们不被自身的情绪绑架，减少精神内耗，从而有更多的精力去做更有意义的事情。

那么，我们该如何培养自己的钝感力呢？

👍 转变自己的思维习惯

当我们开始胡思乱想时，要有意识地赶紧叫停。我们可以尝试着想想，眼下这件烦心事如果放在大局中去看，是否真有那么严重，把过多的精力放在这件事上是否必要。事实上，纵观全局，拉长时间，把维度放大到人生的尺子上，很多当时觉得天大的事情，都会显得无足轻重。

👍 尝试着"慢半拍"

当我们冲动行事不考虑后果时，事情往往会被推向更为不好的一面。有意义的迟钝，是给自己一个缓冲的时间，让自己能够足够冷静且充分地思考解决问题的最佳方案，从而避免不必要的错误发生。

👍 培养自身的专注力

我们可以尝试着认准一个切实可行的长远目标，朝着这个目标砥砺前行，不忘初衷。即使在途中遇到一些挫折，也要尽快调整好心态，继续专注于这个目标。

有时候一个人"钝"一点儿，反而会更幸福。培养钝感力可以帮助我们在面临抉择、挑战、挫折、逆境、压力的时候，尽快恢复和保持积极的心态，从而更顺利地适应当下的环境。学会正确运用钝感力，其实是我们收获幸福生活的一种重要的智慧和手段。

2

消除不可能主义

　　我们经常会发现这样的现象：一个有些五音不全的人，每次唱 K 都拒绝开口，可是有一次喝多了，大家竟然发现其唱歌意外地好听，而等他清醒后再邀请他唱，他却又连连摆手拒绝。还有，一个长相清秀的姑娘，老觉得自己长得不好看，一次遇到了一个心仪的男生，对方告诉她她很漂亮。从那以后，她变得越来越自信，也因为自信而变得更有魅力。

　　一切美好事件的发生，很多时候都源于我们觉得"这有可能发生"。我们脱口而出的"不可能"，很大一部分不仅是"可能"，还是"绝对可以"。只是我们习惯性地知难而退，还未尝试就给自己做了"不可能"的暗示。当我们将"不可能"设置为默认值时，就已经给一切的可能性宣判了死刑。

　　这种不可能主义是一种绝对化思维。一项对互联网用户言论的分析研究显示，使用"不可能"等绝对化语句的人，其焦虑、抑郁甚至有自杀倾向的概率更高。这种绝对化思维经常会夸大事实的负面效果，并对客观事实进行武断的判断，是一种认知不够或者偷懒的思维方式。

时常挂在嘴边的"不可能"，更像是一个负能量开关。从心理学的角度而言，人们这样做经常出于三种原因：一是悲观消极，可能因为频频遭受过挫折、打击，变得很容易看不到希望，习惯性地放大问题的困难程度，觉得自己无论如何努力也不可能实现；二是无能为力，眼下这件困难事，虽然有可能实现，但是觉得以自己的能力万万不可能做到；三是低价值感，觉得自己过于普通，不配得到渴求的东西。

电影《教父》里有句经典的台词："不要说不可能，没有什么是不可能的。"这是教父和儿子谈话时说的话，体现了教父对儿子深深的爱和信任，也反映了教父的人生哲学。教父想通过这句话鼓励儿子，让儿子充分发挥自身的潜能，也让儿子明白自身的责任和义务。

我们在面对看起来不可能的事情时，不妨先鼓励自己这是可能的："我有可能完成这个目标，这个目标并非绝对不可能；我有能力完成这个目标，只要我勇于尝试并付出努力；我值得拥有这个目标，我能够成为完成这个目标的人。"

"不可能""没办法""行不通"……更多时候其实是庸人和懒人的借口。事实上，没有什么比完成别人口中的"不可能"更让人有成就感。

美国前总统林肯就一直认为，没有什么是干不成的事，原因是其小时候，母亲就教会了他"没有什么是不可能的"道理。

林肯小时候，父亲在西雅图以极低的价格买了一座农场，但是农场里有很多石头，像山一样连在一起，看上去非常坚固。

母亲建议父亲把石头山搬走，父亲则笑着道："要是能搬走，这农场就不会卖这么便宜了。"

林肯的母亲仔细观察了这座看起来坚不可摧的小山，然后对孩子们说："我们今天来把这里的石头搬走好吗？"哥哥噘起小嘴道："这怎么可能搬得动？"母亲坚持道："只要我们下定决心将它搬开，就没有什么做不到的。"于是母亲带着大家开始挖石头。结果，没挖多久，石头山就开始晃动了；一两天的时间，这些石头就被悉数清理干净了。

林肯深受这件小事的影响，在母亲的积极心态的影响下，他坚定地相信自己就是与生俱来的胜利者。靠着这种信念，他渡过了一个又一个难关。

"成功学之父"奥尔森·马尔登说过："人类灵魂深处，有很多沉睡的力量。唤醒这些想都没想过的力量，巧妙运用，便能彻底改变一生。"很多时候，我们对某件事、某个问题说"不可能"，可是这些问题最终总会有人能解决，所以，不要轻易说出"不可能"，因为一切皆有可能。

3

事情没你想象的那么坏

项目失败，你担心被炒鱿鱼；跟同事闹矛盾，你害怕同事会报复你；分手了，你陷入自我否定……很多人在遭遇挫折的时候，总喜欢放大自己的不如意，放任自己陷入情绪的旋涡，把事情想得特别糟糕，让自己陷入无尽的烦躁和痛苦中。

然而，真实情况往往并没有那么坏，无限放大自己的坏情绪，更多的是自己在为难自己。如果一个人总是非要把事情想得特别糟糕，那么，他所想的很可能就会成为现实。

从前有个神射手叫后羿，他射艺精湛，无论是立射还是骑射，都能百发百中，几乎从不失手。夏王听闻后羿百步穿杨的本领后，大为惊喜，立即下诏宣其进宫。

后羿被带进夏王的御花园，夏王指着靶心对他说："快来让本王看看你的绝活儿。这样吧，今天如果射中的话，我就赏你万两黄金；但如果射不中，我便收回你一千户的封地。如何？"

后羿不敢拒绝，只得称诺，但表情却不自觉地凝重了起来。他脚步沉重地走到射箭的地方，刚开始瞄准，脑海里便不停地闪过这一箭射歪了的后果。一向镇定自若的他，逐渐连呼吸都开始变得急促起来，拉弓的手也在发抖，迟迟不敢把箭射出去。等到后羿好不容易下定决心，松开弓弦将箭射出去的时候，箭却落在了离靶心足有几寸的地方。后羿大惊失色，赶忙再次搭弓射箭，结果依然惨不忍睹。

后羿越是担心事情会变得糟糕，越是难以保持一颗平常心正常发挥射箭水平。后羿的失手，正是由于害怕造成的，如果不被自身的坏情绪影响，结果必然两样。

事情并没有那么坏，为什么我们却觉得事情好像已经到了无法挽回的地步？这其实是因为我们害怕困难、害怕失去，便不自觉地产生了焦虑和恐惧的心理。我们放纵自己的想象，自己给自己戴上了沉重的思想枷锁，以至于一拖再拖，一再逃避，结果事情真的被拖延到严重甚至不可收拾的地步。

英国前首相丘吉尔说："害怕，是我们唯一害怕的东西。"很多时候，击垮我们的不是事情本身，而是我们的思想和心态，消极的心态只会让事情变得更糟。如果我们把眼下的困境当成一种阻碍，它就会让我们的身心一直处于疲惫的状态，让我们陷入无休止的焦虑当中。事实上，我们心态好的时候，很多问题都可以很顺利地解决，摆脱畏难情绪，事情也会往好的方向发展。所以，我们要学会放下思想包袱，勇敢地迎接新的挑战。那些所谓的烦恼只不过是一种习惯，它并不会影响明天事情的进展，更不会影响我们的一生。

面对困境，别说什么再也受不了了，没有什么事情值得我们意志消沉、辗转难眠。事情并没有想得那么糟糕，唯有改变心态才是正确的解法。

👍 接纳自己的脆弱 ╋

当我们觉得事情很糟糕，感觉快要受不了的时候，不妨给自己一点脆弱的时间，先放下眼前的难事，让自己安静下来。等到情绪发泄之后，我们再来理清思路，找到问题的根源，重新面对需要解决的问题。

👍 重新审视目标 ╋

如果我们感到一切都很糟糕，很可能是因为我们的目标不够合理或者不够明确。这个时候，我们需要重新审视一下我们的目标，看看是否需要进行调整。我们重新确定目标时，也要对自己的时间和安排进行合理的规划，好让自己能够更加有序地去实现自己的目标。

列夫·托尔斯泰说："情况越严重，越困难，就越需要坚定、积极和果敢，越是消极、逃避，越是有害。"人生就是一个不停地解决问题的过程。出了问题就立即处理，遇见难题就勇敢面对，事情远没有你想象的那么可怕。

④

能够打败你的只有你自己

美国史学家卡维特·罗伯特提出了一条伟大的定律："没有人会因为一时的倒下或沮丧而失败，真正使他们失败的，是一直倒下或消极的心态。"罗伯特定律的意思其实是说，只要我们不放弃自己，就没有人能够真正打败我们。

然而现实是，我们总是很轻易就被自己打败了。工作中碰到了难题，坚持了两天便跟自己说："算了吧，我不是这块料。"生活中遇到了困难，坚持了两天就安慰自己道："算了吧，我就没那个命。"很多时候，其实不是生活太艰难，而是我们太早就缴械投降了。

生物学家曾做过这样一个实验：正常情况下，把跳蚤随手一扔，跳蚤能跳起一米多高。研究者将跳蚤放进玻璃瓶中，并盖上盖子。跳蚤一次次起跳，便一次次被盖子打回。过了一段时间，研究者将玻璃瓶上的盖子拿掉了，发现跳蚤再也跳不到最初的高度了。其实人也是如此，很多时候，阻碍我们前进的，并非外在的环境，而是我们内心的枷锁。

小说《最后一片叶子》讲了这样一个故事：

一个生命垂危的病人，每天都透过病房的窗户，盯着窗外的一棵大树发呆。眼见树上的叶子一片接着一片掉落下来，病人似乎也感受到了生命的倒计时，身体也跟着每况愈下，一天不如一天。

天气越来越冷了，看着眼前落叶萧萧而下的场景，病人不禁感慨："等到树上的叶子全部掉光时，我也就要死了。"

这话被同病房的一位老画家听见了，老画家便偷偷画了一片叶子挂在树上，结果，那最后一片"树叶"始终没有掉落下来。病人惊喜于生命的顽强，便重拾了对抗病痛的信心，最终竟然奇迹般地活了下来。

这个故事告诉我们，希望是生命之火，没有希望，未战先败，唯有心存信念，才能见证奇迹。

生活中，我们总会遇到各种各样的挫折和失败。任何一次失败，都有可能会动摇我们的信心，让我们陷入自我怀疑的旋涡，甚至击垮我们，让我们放弃继续奋斗。然而，导致我们最终失败的根本原因从来不是困难和失败，而是我们自己。

同样是面对失败，有的人能够重拾信心，屡败屡战，而有的人却从此一蹶不振，自暴自弃。究其根本原因是他们被自己打败了，选择了自我放弃。人最大的敌人从来不是别人，而是我们自己。德国铁血宰相俾斯麦说："对于不屈不挠的人来说，没有失败这回事。"虽然不是每个人都能获得他人眼中的成功，但如果坚持自己心中的目标，永不言弃，必然能收获自身价值意义上的成功。

左宗棠曾三次名落孙山，但他并没有因此气馁，还写了副对联鼓励自己："身无半亩，心忧天下；读破万卷，神交古人。"科举不行，那就先去做教书先生；旧知识无用了，那就去研究农学、地理、史书、兵法。左宗棠始终没有放弃，没有被自己打败，最终赢得了总督陶澍、林则徐的赏识，并在曾国藩的举荐下荣升为浙江巡抚，开启了他传奇的一生。

👍 训练正向思维

所谓正向思维，是说当遇到问题和挫折的时候，可以选择换个角度看待问题，努力去寻找事情中较为积极的一面。凡事总往好的方面想，一旦养成习惯，便能收获更加积极的心态。刻意训练自己的正向思维，用积极的心态直面问题，我们才有机会在困境中蜕变成更好的自己。

👍 积极采取行动

"经营之圣"稻盛和夫说："凡事先搞起来，能解决人生80%的问题。"很多时候，我们很轻易被自己打败是因为还没开始，光是想到要付出巨大的时间和精力，就知难而退了。我们总是很容易在犹犹豫豫中疲惫不堪，最终选择放弃。所以，行动起来吧，凡事先做起来，这样我们才能更有效地对抗焦虑，收到积极的反馈，才会更有信心往前迈进。

不要太拿困难当回事，不要老是自己吓唬自己，做任何难事首先要做的是摆脱心理负担，摆正心态。能够打败我们的只有我们自己，只要我们相信自己，相信"牛奶会有的，面包也会有的"，一切就都会往好的方向发展。

⑤

直面内心的恐惧

但丁在《神曲》里写道："恐惧使人们在正大的事情面前望而却步，就像胆怯的野兽，听见一点儿风声就吓得逃走了。"

生活中，我们害怕困难，害怕失败，害怕与陌生人交流，害怕在众人面前说话，害怕失去自己珍视的东西，害怕面对未知的不确定的事物……

当我们在面对自己觉得不够安全的情境时，大脑就会立即做出反应，促使身体释放肾上腺素，诱导心跳加快的同时，还会出现一系列的应激反应。这其实是我们的一种自我保护机制，它在提醒我们注意危险的同时，也会诱发我们的焦虑和恐惧情绪。

面对恐惧，很多人都会下意识地选择逃避，这是一种本能反应。然而，恐惧并不会因为你逃避它、压抑它，甚至否认它，就消失不见。它会以其他的方式，时刻提醒你它的存在。

逃避出现的问题和麻烦，恐惧看似暂时消失了，但是等到避无可避，不得不面对的时候，往往就会出现两种结果：要么麻烦可能压根就没那么大，自己咬咬牙就能克服；要么麻烦因为拖延变得更大了，不得不放弃或者找别人托底。

出现第一种结果是因为我们放大了恐惧的情绪，逃避便占领了高地；出现第二种结果则是因为我们无法预判问题产生的严重后果，恐惧让我们在认知上出现了问题。而从这两种结果中，我们可以得出这样的结论：直面恐惧，控制风险，才是最有效的解决问题的办法。

成功学大师戴尔·卡耐基说："只要我们下定决心克服恐惧，便几乎能克服任何恐惧，因为除了在脑海里，恐惧无处存放。"当我们感觉到内心的恐惧的时候，我们如果尝试着去直面它，发自内心地去接纳它，往往就会发现它其实并没有那么可怕。

孙晓是一名出色的骨干教师，不仅认真负责，讲起课来还生动有趣，思路清晰。面对三尺讲台，几十个学生，她总能侃侃而谈，收放自如。

最近学校要拓展一项新的课程，需要做线上教学。作为最被看好的孙晓，首先被安排了直播的任务。要知道，这可是全网直播，她的一举一动，不仅展示着她的个人形象，还关系到学校的脸面和发展。她越想越害怕，越想越不敢面对镜头，甚至一度打起了退堂鼓。

孙晓去找年级主任说了自己的顾虑，聊了很久，主任还是鼓励孙晓尝试一下。主任对孙晓说："记住，想都是问题，做才有答案。"

孙晓恍然大悟，最终决定勇敢一次。直播的过程中，她还是非常紧张，感觉声音都有些发抖。但是直播的总体效果还是不错的，孙晓最终开播成功，甚至收获了一批粉丝。孙晓觉得自己又往前迈了一步，此时的她充满了能量。

只有直面恐惧，才能缓解恐惧，并掌控随恐惧而来的所有坏情绪。恐惧是我们内心的一种情绪，也可以说是我们的一部分。要想消除恐惧，就要直面它，还要尝试着与它和解，甚至与它为伴。

我们需要想明白这些问题："我们在恐惧什么？""我们为什么恐惧？""我们有没有放大了这份恐惧？""这件事如果不是出于害怕，我们能否自己处理？""我们怎样才能将风险降到最低？""立即去处理有没有意义？"我们问清楚自己这些问题的时候，其实就是在"解构情绪"，这样我们才不至于继续害怕，也才能真正与我们的恐惧待在一起，化被动为主动，真正去面对它、解决它。

俄罗斯文学理论家米哈伊尔·巴赫金在中世纪的诙谐艺术中发现，笑声是对抗恐惧的胜利。面对恐惧，我们要用我们的勇气和信心去接纳它，用微笑和真诚去包容它，那么它也会变得温柔一点，平静一点。

网络热词"奥利给"，作为短视频中的正能量语录，在某短视频网站曾经收获了三千万的播放量。一名做出各种夸张表情的网红达人，在视频中激情洋溢地向屏幕前的万千网友不断输送正能量。一句"奥利给"告诉我们，无论遇到任何困难，都不要怕，只要微笑着去面对它。因为消除恐惧最好的办法就是直面恐惧，坚持，就是胜利。加油，奥利给！

6

以开放的心态面对失败

所谓开放的心态，是指一种积极的、包容的、好奇的心态。以开放的心态面对失败，是指坦然面对一切可能，不固守陈旧的观点、立场和答案，而用发展的眼光去看待当下所遭遇的挫折和困境。

1997 年 NBA 总冠军赛前夕，乔丹因病而身体虚弱。然而，在最后的关键时刻，他抄截了爵士马龙的传球，并在比赛结束前两秒投篮得分，赢得了最后的胜利。被誉为"篮球之神"的乔丹说："我之所以成功，就是因为我之前不断地失败，甚至会在关键时刻投篮一再失手……"正是因为一再地失败，乔丹反而能够清醒认识自身的问题，通过刻苦训练，最终超越对于输球的恐惧，成为篮球界真正的传奇人物。

失败其实是宝贵的学习机会。失败不是终点，而是新的开始，每一次失败都是一次成长和学习的机会。通过失败，我们可以更好地认识自己，更好地看清楚自己的薄弱环节，从而进行深刻的反思和进一步改进。

小米的创始人雷军在一次访谈中说："有机会一定要试一试，创业的试错成本并不高，而错过的成本非常高。"试错是一种尝试和反思的结合，是我们探索未知领域的一种基本方法，试错的过程也正是"找对"的过程。失败正是排除错误选项的尝试，只有经历过失败，才能更好地规避错误，找到正确的方法。

> 罗伯特是一家市场情报服务公司的经理，向来酷爱收藏，结果他收藏的产品很多都以失败告终。周围人都偷偷嘲笑过他，他也一度认为自己是个"失败的收藏家"，不过他最终还是没有放弃收藏。
>
> 在收集了 75 万件"失败产品"后，他突然萌生了办一场"失败产品展"的想法。这个展览将众多企业和个人费尽心思研制，却因为种种原因而失败的产品悉数展示出来。结果，前来参观的人竟然络绎不绝，"失败产品展"获得了意想不到的成功。

当我们失败的时候，千万别着急给自己贴上负面标签，不用考虑别人会怎么看自己，先去弄清楚自己真实的想法，然后再去尝试着做相应的改变。失败其实并不可怕，可怕的是我们总因为失败的结果给自己巨大的压力。

"我失败了"和"我是个失败者"两者之间有着天壤之别。"我失败"了只是陈述一个事实，评价的只是眼前这一件事；而"我是个失败者"则是一个负面标签，它给你这个人下了片面的判断，引导着事情往更糟糕的方向发展，不仅预言了你能力的不足，还将一步步瓦解你的自信心，扭曲你的认知。所以，时刻记住，你只是"这件事"失败了，甚至只是"暂时"失败了，并不代表你就是一个"失败者"，也不意味着你通过努力改进方法之后仍不能成功。

👍 客观分析问题 ┼

遭遇挫折时，我们首先要做的是认真梳理失败的过程，仔细分析失败背后的真实原因：是因为方法不当，还是因为准备不充分，抑或是低估了问题的困难度，等等。理智分析失败的真正原因，可以帮助我们吸取教训，避免再次犯错。

👍 积极寻求帮助 ┼

我们身处困境时，千万不要害怕寻求帮助。我们需要学会与他人进行积极有效的沟通，并主动向他人寻求帮助，耐心倾听他人的看法，借鉴他人的成功经验，接受他人宝贵的意见和反馈，感谢他人提供的资源。

著名的《命运交响曲》便是贝多芬在经历了恋爱失败、耳疾加剧，以及贫困交加的情况下创作出来的。面对种种失败和挫折，贝多芬激情澎湃："我要扼住命运的咽喉，它决不能使我屈服！"坚持积极地思考和行动，相信自己的能力，我们必将战胜失败，掌控自己的生活。

完美焦虑：悦纳
一切不完美

PART 4

①

你是典型的完美主义吗

提到完美主义，很多人会觉得这是个"积极的缺点"，是一件听上去值得骄傲的事情，可事实却并非如此。

很多时候，所谓的完美主义，只会让我们自我设限、拖延、找借口及自我安慰。它不仅不能使我们变得更快乐、更健康、更高效，还会让我们变得更焦虑。

王澜是一个对工作极度认真的人，每接到一份任务，她都会一丝不苟，倾尽全力去完成。她这种严谨的工作态度深受上级领导的赏识。领导见王澜办事靠谱，几乎从不出错，于是交给了她一个颇具挑战性的项目。

谁知接到新项目后，王澜却迟迟无法开展工作。首先，她会耗费大量的时间和团队成员商讨方案，每一个细节都要一一敲定，力求得到一个最完美的方案。之后，在执行的过程中，王澜也极为挑剔，哪怕是无关紧要的地方，也容不得有一点瑕疵。最后，项目好不容易收尾了，王澜还要一遍又一遍地检查、校对，对一些细枝末节、无伤大雅的事情过分较真。结果，整个项目不仅耗时耗力，甚至还延误了交单时间，令客户大为不满。

几个项目下来，王澜的团队一直处于业绩垫底的状态。王澜凡事力求完美的做事习惯，不仅没有帮助她干出好的成绩，还拖累了整个团队。王澜苦不堪言，在巨大的压力下变得越来越焦虑。

王澜便是一个典型的完美主义者。完美主义其实是一种对自己、对他人、对生活期望过高，乃至脱离现实的心理倾向。对于完美主义者来说，任何事情只要与期望不符，他们便会产生挑剔、失望或沮丧的情绪。

完美主义是焦虑症人群的共性，它与人们害怕失控的心理密切相关，并且有着一套固定的行为模式：我必须要做到完美——觉得不够完美导致迟迟不能开始——任务延期完成或者直接放弃。完美主义让一个人过度专注于一些微不足道的瑕疵和错漏之处，导致没有多余的精力去专注于更加重要的环节。过度纠结于细节，往往会导致人分不清主次，最终全盘皆输。

要想改变完美主义倾向，首先要认识并克服完美主义思维，即"必须思维""非此即彼思维"和"以偏概全思维"。

👍 克服"必须思维"

当觉得"我必须把这件事做好"时，告诉自己："我会尽我所能把这件事做好。"当觉得"我绝对不能出错"时，告诉自己："犯错在所难免，将损失降到最低就好。"

👍 克服"非此即彼思维"

当觉得"全错了,一塌糊涂"时,告诉自己:"不可能全都错了,其中一部分是没问题的,只是另一部分需要重点注意。"当觉得"我真差劲,简直一无是处"时,告诉自己:"这只是一种错觉,我其实是有许多优点,也有一定能力的。"

👍 克服"以偏概全思维"

当觉得"我总是失败"时,告诉自己:"这并不客观,我只是在这件事上失败了,而且是有改善空间的。"当觉得"这件事我永远都做不好"时,告诉自己:"困难只是一时的,只要坚持下去,再找找方法,说不定就有意外收获。"

很多时候,我们过度追求完美是因为,我们以为自己的个人价值完全取决于自己的成就,一旦一件事做得不好,自己就一文不值。诚然,外在成就确实能体现一个人的价值,但绝不是全部。当下的一件事或者几件事,并不能给一个人盖棺定论。而且,即使一个人毫无外在成就,他也仍然可以是一个值得被爱、被认可且有价值的存在。

印第安人有一句名言:"人们在去世后,扪心自问的第一句话是,我生前为什么要这么一本正经?"完美主义者很容易让自己陷入过于严格、压抑的状态,为了追求外在的成就,不惜牺牲了做人的基本需求,忽视生活中该有的乐趣和松弛,最终让自己活得疲惫不堪。其实很多时候我们没有必要那么严苛地对待自己,开心最重要。

②

你需要的是完成，而不是完美

世上很少有完美之事，我们如果把时间和精力浪费在追求完美上，往往会钻进死胡同，导致事情停滞不前，甚至无法开始。只有把注意力转移到"完成"上，将头脑中的想法结结实实、稳稳当当地落到实处，我们才能摆脱"完美"的束缚，踏出让梦想照进现实的第一步。

看着短视频里的小姐姐自弹自唱、又美又飒的样子，张蕾羡慕不已，于是也萌生了学习尤克里里的想法。

她先去网上搜索了相关的教学视频，然后开始比较尤克里里各种款式的性价比。花了足足一周的时间，张蕾才拿到千挑万选的尤克里里。

接着，她又开始比较起了学习课程。从网络课程到线下课程，张蕾始终都觉得不满意。经过了一周的折腾，她逐渐对尤克里里失去了全部的热情，花了诸多心血和昂贵价格买来的尤克里里，最终也被无情地锁进了柜子里……

很多时候，我们需要的是完成，而不是完美。当我们追求完美的时候，我们很容易感到力不从心，因为完美总是过于苛刻。我们在想要事情变得完美的过程中，通常还会不断地提高目标。我们深陷其中，始终都无法满足，也得不到想要的结果。而当我们专注于完成任务时，我们会更注重执行力和实际有效的方法。在完成任务的过程中，我们会逐步改进和完善方法，最终反而能够更好地达成预期目标。

完美不可求，完成才可控，把有限的时间优先投入可控的事情中，才是最优解。比如一篇简单的推文，光想着怎么才能写好，最终很可能什么结果也没有。我们应该优先考虑尽快将想法写出来，梳理成文，哪怕它不那么成熟，也比头脑中零碎的想法要好得多。

艾比不是一个追求完美的人，但她却是一个让人人都要竖起大拇指的行动派。比如，当看到综艺节目上的街舞时，艾比被深深地吸引住了，于是她立马报了街舞学习班。

刚开始的时候，没有任何舞蹈基础的艾比，全身上下都是僵硬的，甚至连舞蹈老师都不知道该怎么鼓励她好。

谁知坚持了一个月后，艾比突然有了感觉，好像突然开窍了一样。很快，她就能熟练地跟上老师的动作了……现在的艾比已经是一个街舞达人了。在公司年会上，艾比每次都能大显身手，博得满堂彩。

事实上，完成比完美更重要。当我们专注于完成任务时，我们能够更好地体验到进步的感觉，这会让我们信心百倍。当我们注重完成而不是完美的时候，我们的思考方式也会变得更加务实，我们会更加理性客观地看待任务和目标，更好地把握任务的重点和实际需求，也能更好地与他人协作和交流，减少不必要的麻烦。

我们要先行动起来，不要停留在思考如何把事情做好的阶段。我们在做很多事情的时候，其实是很难做好万全准备的，非要等到一切都准备好，往往会错失良机。只有先做起来，我们才有机会"完成"，完成之后才有机会寻求"完美"。

那么，我们要如何做才能克服完美主义导致的拖延问题？

👍 调整并切割目标

如果一个目标过高过大，我们可以将它切割成几个更易实现的小目标，这样一方面能增强自信心，另一方面也能保证目标被稳步推进。比如，你想写一本 10 万字的小说，不妨先每天坚持写 1000 字再说。小步前进是克服"完美主义拖延症"非常有效的一种方法。

👍 先开始再说

种一棵树的最佳时间是十年前，其次是现在。何时开始跑步，何时开始写作，何时开始做一件想做或者有意义的事，最佳答案仍然是现在。不管你的担忧是什么，也不管能不能取得期待的效果，先尝试着开始，一边开始一边修正，事情才能有效地往前推进。

没有什么是真正完美的，无论你多么努力地尝试着把一件事做到完美，它都不会令所有人满意，甚至连你自己都无法完全满意。与其把时间浪费在不切实际的"完美"幻想上，不如第一时间去"完成"它。

③

接受自己是个普通人

心理学家乔丹·彼得森在《人生十二法则》中写道："一个人最大的本事，就是接受自己的平凡。"接受自己是个普通人，并不意味着放弃努力，也不是对自己没有要求，而是在平凡中保持一颗上进的心。

小徒弟问师父："我怎么才能成为一个像您这样的大人物呢？"

师父回答："为什么非要成为大人物呢？能做一个合格的普通人，过好自己幸福的一生，就是一个非常了不起的成就了。"

我们不是什么大人物，干不了什么惊天动地的大事，但即便是小人物，做些微不足道的小事情，也可以拥有充实美好的人生。

接受自己是个普通人意味着我们能够更真实地认识自己。只有承认了自己的平凡，我们才能更清楚地知道自己的优势和局限性，从而有针对性地进行改变，然后更加脚踏实地地去奋斗。

接受自己是个普通人可以让我们更加谦逊有礼，并以更加开放的心态向外界学习。在我们与他人交往的时候，我们也能够更加真诚地欣赏他人的优点，同时也能够更加坦诚地接受他人的意见和建议。

接受自己是个普通人还让我们不再盲目追求不切实际的目标，也不容易被自己的虚荣心牵着鼻子走。当我们不必追逐于外界的认可时，便能将更多的精力投入到真正有意义的事情当中去，在自己擅长和感兴趣的领域发挥自己的潜能。

接受自己是个普通人，不是放纵自己不思进取，而是要明确自己想要的是什么，清楚自己的不足，然后自己跟自己比，努力坚持让今天的自己能比昨天的自己更好一点点，哪怕是一件非常简单的小事，也要对自己提出要求。

比如，我们想要变瘦、变美丽，就要设定具体瘦多少斤的目标，然后计划好每周锻炼几次；我们想要充实、提高自己，就要设置每个月计划看几本书的任务；我们想要更富足，就要努力工作，然后计划好每个月存多少钱。

开始接受平凡其实是一个人真正走向成熟的标志。一个人真正的成熟是明知自己不够完美，依然积极乐观地向阳而生，生命不息，奋斗不止。阿德勒曾说："你不该追求一步登顶的目标，而应该追求平凡生活中，每个不断起舞的刹那。"接纳平凡，把日子过得热气腾腾，才是平凡人真正的伟大。

毛姆在《月亮与六便士》中写道："我用尽了全力，过着平凡的一生。"生来平凡，更应当用一颗平常心来面对万事万物。现实中，我们要如何保持这份平常心，接受自己就是一个普通人呢？

👍 正确认识自身的价值

我们每个人身上都会有优势，也会有劣势，既是平凡大众中的一分子，又是独一无二的自己。我们对自己的家庭、朋友和周围人乃至社会所做的事情是有价值的，也是有贡献的。我们要正确评估自身的优势和劣势，尽可能发挥自身的优势，开发自身的潜能，怀抱积极、健康、乐观的心态，变成更好的自己。

👍 降低对自己的期待

降低对自己的期待，取消不可能完成的任务，不要让过多的期待变成一种心理负担，拖慢自己行动的脚步。停止脑海中不切实际的幻想，与其妄想一夜暴富，不如在自己平凡的岗位上兢兢业业、尽职尽责。停止与他人比较，学会接受自己的普通，并在这个基础上继续努力，争取比昨天的自己进步一点。

路遥说："习惯了被王者震撼，为英雄掩泪，却忘了我们每个人都归于平凡，归于平凡的世界。"世人慕强，总以为强者才是世间的真相，殊不知，归于生活后会发现，平凡才是唯一的答案。真正的不平凡，是能够接受普通的自己，然后奋起直追，坦然面对得失，认真过好"柴米油盐"的平凡幸福的日子。

4

不完美是生活的一部分

很多时候，我们总是极力追求完美，比如在工作上，在友情上，在爱情上，在家庭上，甚至在对孩子的教育上。可是回过头来想想，我们就会发现，事事总会有这样或那样的遗憾。也正因为不完美，一切才变得更动人、更真实、更具体，生活才变得更珍贵、更有意义，也更值得去珍惜。

一个装着假肢的小女孩，一瘸一拐地向同伴们走去，得意地向他们展示着自己的新"腿"。同伴们开心地率着她一起玩耍起来。小女孩身上有着巨大的缺陷，可是她却很乐观地接受了自己的"不完美"。生活最让人动容的，从来不是谁拥有了最完美的人生，而是那些认真演绎自己人生的人。

柏拉图说："这个世界就这么不完美，你想得到些什么，就不得不失去些什么。"不完美是生活的常态，而非例外。我们总会遇到各种各样的困难和挑战，这是生活必不可少的一部分，也是我们成长道路上的一座又一座里程碑。

接纳生活的不完美，其实就是接纳生活的真实面貌，让我们能够以更实际、更全面的视角去理解和感悟人生。接纳生活的不完美并不意味着消极应对，而是让我们以更加宽容的心态去理解自己并接受他人。我们要学会从不如意中吸取教训，积累经验，把现实的不完美转化为成长的动力，同时，更加珍惜眼前的幸福和美好，更好地理解生活的价值。

有个非常幸运的人，意外地得到了一颗硕大而美丽的珍珠，可他却有点闷闷不乐，因为这颗珍珠上有个小小的斑点。他想着要是没有这个斑点，这颗珍珠该有多完美啊！于是，他决定把这个斑点刮掉。可是刮了一层又一层，斑点还在，他不死心，不断地刮下去。最终，斑点没有了，硕大而美丽的珍珠也不复存在了。

我们每个人的生活就像这个人手里硕大而美丽的珍珠，只是我们满眼都是珍珠上的斑点，而忽视了珍珠的耀眼，因而不仅错过了拥有珠宝的好运，也辜负了珍珠原本的美丽。只看到斑点的人无疑是最痛苦的，他们对于缺憾耿耿于怀，只能一次又一次与机遇擦肩而过。

谢尔·希尔弗斯坦在《失落的一角》中讲过，一个缺了一角的圆，在好不容易得以完整后才发现，过于完美以至于滚落太快，反而错过了欣赏沿途风景的时间，失去了原本的快乐。

我们总以为熟悉的地方没有风景，诗和梦想永远在远方。殊不知，当我们纠结于自身的不完美，拼命追赶完美，反而会错失沿途太多美好的东西。人生总有缺憾，不完美是生活的一部分，而真实胜过完美。

没有绝对完美的生活，只有相对满意的心态，我们要如何应对生活中的不完美呢？

👍 寻求改善的方法

虽然现实不完美，但我们仍然可以为了改善现状而努力。比如对于一份不理想的工作，我们可以思考哪些方面还有待提高，以便寻求更多提升或跳槽的机会；对于好久不联系的朋友，我们可以主动联系对方，时不时地喊对方出来聚聚，尝试重新建立友谊。改变不会一蹴而就，需要足够的耐心和毅力。

👍 关注自我的成长

面对不完美的事情，我们很可能会丧失自信，因此我们要尤其关注自己的成长和努力，而不要过于在意别人的看法和无法改变的结果。比如，关注自己的进步，哪怕只有一点点改善也可以犒赏一下自己，给自己鼓励；掌控自己的情绪，通过冥想、运动或者写日记等方式来缓解自己的负面情绪，尽量不要让坏情绪影响我们的判断和行为。

人生处处有缺憾，拥有漂亮的脸蛋，未必有聪明的头脑；拥有万贯家财，可能缺少家庭的温暖。富有的人也有愁眉不展的时候，再快乐的人也有伤心落泪的时候，关键在于我们用什么样的心态去面对。唯有懂得接受生活的不完美，懂得知足常乐，我们才能领略生活的真谛。

欲望焦虑：看重
你所拥有的

PART

1

选择越多，反而越容易焦虑

买东西的时候，选择太多，反而不知道挑哪个；一件事可以这样处理，也可以那样处理，反而不知道如何下手。似乎我们的选择越多，非但没有让我们更自在，反而让我们更焦虑。

我们之所以会因为选择太多而感到焦虑，是因为我们担心选择的结果不好。这种担心使得我们对于选择更加小心谨慎，甚至产生"选择恐惧"，心理学上把这种现象叫作"决策规避"。试想一下，如果我们没有过多的选择，每天就不用纠结于穿什么衣服出门，不用烦恼于晚上吃什么饭，也不用担心入错行、选错工作，更不用悔恨于做出了错误的选择而错失良机……我们不用担心会为错误的选择买单，或许就不会那么焦虑。

王茵茵报考了心理咨询师，为此她购买了一些课程。她觉得特别划算，因为老师给她发了一堆涵盖所有的考点和题型的资料，还推荐了很多有用的心理学书籍。

可学习了一段时间后，王茵茵便觉得痛苦不堪，倒不是因为知识点太难，而是要复习的东西实在太多了。她感觉每本书都很重要，每道题都值得练习，每个案例都需要仔细琢磨。结果，她投入了大量的时间和精力，进度却依然缓慢。眼看着考试越来越近，王茵茵有点蒙了。很多资料她都只看了一点，还有很多资料压根儿没来得及看。

王茵茵向老师请教，老师告诉她："我们是为了帮大家节省自己搜索和整理资料的时间，所以给大家发了尽可能全的资料，但你还得根据自己的情况，有选择地参考使用啊。这么多资料怕是一年都看不完啊。"王茵茵这才恍然大悟。在老师的指导下，她锁定了自己的弱项，确定了复习的重点，有针对性地进行学习，最终不仅顺利通过了考试，还成功上岗了。

少选择一点，有时是最好的选择。社会心理学家巴里·施瓦茨在《选择的悖论》中这样写道："选择过多不仅使人们做决定的过程更艰难，感觉更沮丧，还会让最终被选中的幸运儿的魅力大减，导致满足感更低。"

乔布斯的穿衣风格很简单，永远穿一身黑毛衣加牛仔裤和跑步鞋，因为他觉得这样很方便。奥巴马也几乎只穿灰色或蓝色的西装，他说："不想花太多时间考虑吃什么、穿什么，因为要做的决定太多了。"减少对琐碎事情的抉择，有利于我们做出更明智的判断。因为减少选项，可以让我们有更多的时间和精力聚焦事情本身，从而获得更高的执行力，也更容易获得即时满足感。

现代生活，物质充足，信息海量，可供我们选择的太多，但我们真正需要的其实并没有那么多。很多时候，选择越少反而干扰越少。美国公司的印度精英们，往往能够凭借着自身的知识和能力比美国白人拥有更高级别的资历，正是因为他们的选择没那么多，便不会在不同的项目上来回横跳，反而能够花心思在一个领域内认真钻营，持续精进。

每个人的时间和精力都是有限的，我们只有尽可能地屏蔽泛滥而无用的选项，在有限的重要的选项里全力以赴，才能减少焦虑，收获更多。

👍 增加限制条件以减少选项

每添加一个限制条件，选项就会相应地减少。因此，每当我们需要做出选择时，不妨先添加几个必要的条件，筛掉不必要的选项，把握住选择的核心问题。

👍 避免选择后的后悔情绪

在做出选择后，我们要坚定自己的选择，不要后悔。我们可以对自己进行积极的心理暗示，相信一切都是最好的安排，自己的选择也是最好的选择。每次选择完都用自我欣赏来代替自我否定，我们就不会因为面临选择而感到焦虑和痛苦了。

亦舒说："没有选择，人们往往走对了路。"很多时候，选择太多未必是好事，选择少却能变成好事。

2

让能力配得上你的野心

　　能力配不上野心，是所有烦恼的根源。当你的能力配不上你的野心时，你所有的野心都会变成不甘，变成抱怨，变成"眼高手低"。投资家查理·芒格说："要得到你想要的某件东西，最可靠的办法是让你有能力配得上它。"

　　17岁的克林顿，作为优秀学生代表，在白宫见到了当时的美国总统约翰·肯尼迪。握手的那一刻，瞬间激发了克林顿想当总统的野心。

　　于是，克林顿努力学习，成功考入乔治敦大学，主修外交专业。大学毕业后，他赶赴英国牛津大学留学，留学回来后又考进耶鲁大学法学院继续深造。

　　克林顿从大学教授做到律师，再转入政坛，从一个州的司法部部长做到州长，再到委员会主席，一步一个脚印，最终成功当选为美国总统，实现了当初的野心。

莫言说："当你的才华还撑不起你的野心的时候，你就应该静下心来学习；当你的能力还驾驭不了你的目标时，就应该沉下心来历练。"

当能力匹配不了野心的时候，我们会急于给自己制定目标，期望自己在短时间内变得更好，但急于求成往往是最坏的开始。我们可以把自己比作一个小雪球，只有让自己各方面的能力都能够均衡发展，才能让雪球越滚越大。而如果没有足够的积累，就想朝着远大的目标前进，很容易像落进大海的一滴水珠一样，泛不起任何涟漪就消失不见了。

"滚雪球"其实是人生的一个必经过程。股神巴菲特说："人生就像滚雪球，重要的是发现很湿的雪和很长的坡。""很湿的雪"是我们的目标，太小了无多增益，太大了，容易被吞噬，只有合适的雪，才能增大我们的"球体"，提升我们的能力。"很长的坡"则是指时间的沉淀和道路的选择，只有管理好时间，并选择正确的道路，我们才能让自己稳步提升。

"滚雪球"也是一个"复利"的过程。如果有两份工作摆在你面前，一份是技术含量比较低的洗盘子之类的工作，但是每月能拿到一定的薪水；另一份则是复利较高的工作，但短期内没有收益，你会选哪个？这两份工作做到 10 年，它们的区别会有多大？投资自己才是最好的投资。提升能力时，我们要将眼光放长远一些，不能只顾眼前的利益，而要选择一种复利高的方法，并朝着它不断努力，这样我们的能力才有机会达到实现自身野心的水平。

白岩松说："慢跑的时候，总有很多年轻人会从我身后反超过我，我觉得这并没有什么可丢脸的，我也没有就此产生去超越他们的想法。因为我是在慢跑，而不是在比赛。"当能力匹配不了野心的时候，我们发现周围的人比自己更强时就会感到焦虑。如果我们把反超他们当成目标，我们就很容易迷失自己。而我们如果一直不能反超他们，还会产生巨大的挫败感和无力感。

与其陷入两难的地步，不如努力让自己的能力配得上自己的野心。那么，我们要如何做呢？

👍 少想多做

我们可以有野心，但不要停留在只是想想的阶段。我们要有具体的行动计划，将"野心"进行详细拆解，找到成本最低、阻力最小、当下就能马上行动起来的具体做法，有条不紊地进行第一步、第二步、第三步等。在做的过程中，我们要及时调整，不断修正，这样我们的能力就会在这个过程中稳步提升。长期做下去，我们的能力会一点点匹配野心，甚至超过当初的野心。

👍 从小处着手

想要说一口流利的英语，要先学习 26 个英文字母。我们要想提升实际的工作能力，也必须要先打牢基础，一步一个脚印，逐步提高，从每一个小目标开始，系统地、有规划地、有针对性地进行学习。同时，正确对待生活中、工作中的每一次机会，哪怕再小的机会也要尽可能抓住，切不可好高骛远。

没有行动和能力作为支撑的野心，最终都将被欲望吞噬。只有让能力配得上你的野心，让野心变成你提升能力的动力，你才能不断超越自己，收获你想要的人生。

③

你拥有的，也是别人羡慕的

你所拥有的，哪怕是看起来不起眼的，你习以为常的东西，也很可能是别人梦寐以求，为之羡慕的。

樊欣一直有点自卑，尤其结婚以后，生了孩子，经济上一下子拮据起来。她打心眼儿里羡慕别人有钱的生活，羡慕别人可以实现"财富自由"，想买什么就买什么。

一次，樊欣跟一个家境富裕的朋友吃饭。闲聊时，朋友说："真羡慕你有个这么好的孩子，又懂事又贴心，学习还好。"樊欣刚开始还以为对方在说客套话，直到对方跟她讲起了自家孩子是如何让他们操心，如何叛逆，甚至还跟他爸爸动手的各种烦心事后，她才确定对方的羡慕是发自真心的。

我们总是会不由自主地去羡慕别人所拥有的东西，羡慕别人的工作，羡慕别人新买的房子，羡慕别人的豪车，却没注意到，我们自己也是别人羡慕的对象。叔本华说："我们很少注意到我们所拥有的，却总想着自己没有得到的，甚至是不可企及的，这种态度是世上令人遗憾的情形之一。"我们只看得到别人的幸福，却看不到别人幸福背后的艰辛。

把生活过成诗的某位网络红人，因为展现了一副"采菊东篱下，悠然见南山"的田园牧歌状态，而被众多网民羡慕。然而早期的她也曾穷困潦倒，睡过公园的长椅，连续吃过几个月的馒头。杨绛先生说："上苍不会让所有幸福集中到某个人身上，得到爱情未必拥有金钱；拥有金钱未必得到快乐；得到快乐未必拥有健康；拥有健康未必一切都会如愿以偿。"每个人的境遇不同，生活方式不同，对幸福的理解也不同。我们其实不必在意别人的生活，因为并没有十全十美的生活。

羡慕别人其实是种精神内耗，羡慕久了，就会变成嫉妒，就会开始对自己不满，对别人挑剔。小时候的"别人家的孩子"，长大后的"别人家的男朋友""别人家的老公"，无一不是自己烦躁的导火索。其实，如果我们单纯地想要获得快乐，往往很容易实现。但如果我们希望比别人快乐，就会发现真的很难。因为我们对于别人快乐的想象，总是会超过实际情形。

看到别人取得的成就，我们感到自卑和无力；看到别人拥有的更好的物质生活，我们感到羡慕和嫉妒。这些情绪波动不仅会干扰我们的正常生活，还会一点一点侵蚀我们的内心。我们处在不断的精神内耗中，不仅感受不到幸福，还会逐渐迷失了自我。

为了摆脱精神内耗的困境，我们需要重新审视自己的价值观和生活方式。只有当我们正确看待自己和他人的幸福，不再去盲目地比较，我们的内心才会更加轻盈自在。

不去羡慕别人，更加专注自己，才是一个人最好的状态。

👍 不断充实自己

我们可以发掘自己的兴趣爱好，并投入时间和精力去追求，享受其中的乐趣，让自己的内心更加充实和满足。我们可以主动去尝试新事物，保持好奇心和冒险精神，体验当下，感受成长和进步，给自己一些积极的反馈。

👍 学会珍惜和感恩

每天花半小时思考你所感激的事情，或者用照片、日记或其他方式，记录生活中的美好点滴，学会欣赏小事情的美好。无论是家人、朋友还是陌生人，无论是健康、工作还是开心的一瞬间，真心感谢别人的付出，并珍惜自己所拥有的一切。

幸福是建立在自己所拥有的东西之上的，而不是看着别人拥有而自己却没有的东西感到失望，唯有知足方能常乐。

4

适当放弃，就是优雅地转身

适当放弃并不是对失败妥协，而是一种优雅的转身。在面临抉择的时候，我们需要以优雅的姿态，放下不必要的包袱和束缚，勇敢地往前迈进。

农夫和商人走在路上，发现了一堆未烧焦的羊毛，于是两人各自分一半背上走了。

路上，他们又发现了一些布匹。农夫扔掉了羊毛，选择了价值更高的布匹背上继续上路。而商人舍不得羊毛，就把羊毛和布匹一起背上，非常吃力地上路了。

后来，他们又发现了一些银质的器皿。农夫便扔掉布匹，拣了些较好的银器背上继续赶路。而商人此时已经被羊毛和布匹压得直不起腰来，想着现在扔掉，岂不是白背了？于是，他望着更贵重的银器也只得作罢。

天降大雨，雨水打湿了羊毛和布匹，商人被狠狠压住，最终倒在了泥泞的道路上。而农夫轻轻松松地回到了家，变卖了银器，过上了富裕的生活。

生活中，我们很多人都像商人一样，被自己的贪欲裹挟着，鱼和熊掌都不想放弃，结果不仅压得自己喘不过气来，而且哪样也得不到。很多时候我们无法放弃，是因为放弃比坚持更令人痛苦，坚持意味着还有希望，但是放弃就什么都没了。所以，很多人面对失去的压力始终没有勇气选择放弃。然而，人生就是一场博弈，有舍才有得：放弃一份不适合的工作，才有机会遇到一份更擅长的工作；挥别错的人，才能和对的人相逢。

累的时候，要适时放下那些"得不到"的目标，享受当下也是一种幸福。欲望推动我们不断去争取更好的生活，可若不懂得适当放弃，我们就会沦为欲望的奴隶，无法自拔。

不被爱的时候，放下那个让自己伤心流泪的人，一个人也能活得有声有色。生活还有很多可能，你若盛开，蝴蝶自来。

落魄的时候，放下那些"死要面子活受罪"的体面，努力赚钱才是唯一的出路。人在失意时，就不要打肿脸充胖子，因为即使你费尽心思维持住表面上的体面，亲戚朋友很可能也只是嘴上不说，心里还是会想少和你联系，省得被你拖累。与其把求助的希望寄托在亲朋好友的身上，然后抱怨世态炎凉，不如想办法改变现状，努力赚钱。从自己最擅长的事情开始，不用管他人的眼光，哪怕一天只赚10元钱，也先把这10元钱赚到手再说。

适当放弃，并不意味着失败或退缩，而是意味着一种成长。我们从小就被灌输"坚持就是胜利"的理念，很可能根本不知道"放弃"的真正价值。然而，我们总会遇到各种各样的困境和障碍。适当放弃意味着懂得选择，舍弃那些不利于我们变得更好的东西，反而能给我们创造更多的机遇和历练，让我们在追寻和实现梦想的道路上不必负重前行。

适当放弃，也不意味着失去，它其实是为了更好地拥有。我们常常要割舍一些琐碎的，没太大价值的东西，以换取更重要的东西。比如整理房间，我们只有舍弃一些不再需要的物品，才能腾出空间来收纳更珍贵的东西。适当的放弃会让我们更加专注于更重要的事情，从而获得更深层次的满足。

👍 准确评估目标 +

我们需要积极的心态，但在评估目标能否实现时，不需要盲目地乐观。我们在解决问题的时候要学会变通，不要认为只要努力坚持就一定能实现目标。我们需要客观地评估成功的概率有多大，投入和产出是否值得。当发现努力不能实现预期目标的时候，我们就应该果断放弃，寻找其他的解决方法。

👍 以新代旧 +

当你舍不得放弃一件事物的时候，不妨用更好的、更新的事物去代替它。你想戒掉游戏瘾，不妨在原先玩游戏的时间段安排其他有意思的事情，比如去看电影、逛街、吃饭等；你想忘掉一个不值得留恋的人，不妨去结交更多的朋友。

适当放弃是成长的加速器，正如发射火箭一样，不断摆脱多余的助推器，才能以更轻的重量，飞向梦想的外太空。

眼光焦虑：不为
面子而活

PART 6

1

我们不可能得到所有人的认同

　　生活中，我们总希望能够得到别人的认同，但是众口难调，要想让所有人都认同，几乎是一件不可能的事。因为每件事站在不同的角度考虑，得出的结论往往不尽相同，甚至是截然相反的。就像泰坦尼克号沉没这件事，对于船上的人来说，那无疑是巨大的灾难，但对于船上厨房里的龙虾而言，那就是生命的奇迹。

　　人是一种需要强烈认同感的物种，当我们被误解的时候，我们总是特别想要去解释。得到他人的理解会让我们感到安全和满足。然而，解释是一件非常麻烦的事，你越解释，别人可能越觉得你在掩饰、在心虚。而且误解产生的时候，很多事情是解释不清楚的，即使解释，效果也不理想。时时刻刻去寻求理解和认同，会让我们陷入痛苦的泥潭。没有一个人会符合所有人的期待。

　　白桦所在的公司很多人都是靠关系进来的，那些关系户大都受教育水平较低，有的甚至连初中文凭都没有。白桦每天为了工作，不得不耗费大量的时间和精力去和同事扯皮，帮同事收拾烂摊子。时间久了，白桦似乎也变得越来越圆滑世故，阳奉阴违，活成了自己曾经最讨厌的人。

林肯说："与其跟狗争辩，被它咬一口，倒不如让它先走。否则就算宰了它，也治不好你被咬的伤疤。"和低层次的人争辩，会把你拉低到他的层次，然后还会被他以"丰富的经验"打败。我们总希望用自己的观点说服对方，用自己的价值观指导对方。事实上，即使我们声嘶力竭，每个人依旧会按照自己的方式生活。

很多时候，别人对你的攻击甚至是没有具体依据的，比如第一次与某个人见面，你穿了一件你觉得很漂亮的皮裤，但是你见到的那个人刚好最讨厌皮裤。我们没必要幻想通过改变自己来让对方满意。真正的自信，不仅表现在对自我的认可上，还表现在坦然接受自己被否定。

弄洒了咖啡，弄坏了打印机，做了任何妨碍到别人的事情，别人否定我们是应该的，做错了确实要改。但如果是对方故意打压我们，打击我们的积极性，我们则完全可以不必理会。每个人的时间和精力都是有限的，我们没必要浪费在那些不认同我们的人身上。认同我们的人，才是真正支持我们，值得被信任的人，也只有他们才会在我们需要的时候挺身而出。

一名年轻的画家，为了听取更多人的意见，每画完一幅画后就邀请朋友们来参观，并让他们圈出其中画得不好的地方。结果，每幅画都被画了很多圈。画家感到很沮丧，甚至打算放弃画画。有一个朋友让他换个方式再试试。这次他画完一幅画后仍然邀请朋友们来欣赏。不同的是，所有人都可以将自己喜欢的地方圈出来。果然，画作上同样也被圈满了……

我们无论做什么事，都不可能让所有人满意。在一些人眼中丑陋的东西，在另一些人眼中很可能就是美好的。我们没必要用他人的"意见"来代替自己的"主见"，更不必让他人的态度和言论影响自己的判断，束缚自己的手脚。那么，当我们不被认同的时候具体要怎么做呢？

👍 对事不对人 +

当我们发现自己因一件事而自我否定的时候，要学会及时"叫停"，把注意力从"我这个人怎么样"转换到"这件事怎么样"上来。即使一件事没做好，也只是说明我们在做这件事上所有欠缺，需要反思和改进，而不是以偏概全地认定是"我这个人不行"。

👍 对人不对事 +

当我们被质疑、被否定，甚至是被恶意攻击和诋毁的时候，我们可以允许自己感到难过和愤怒，但是不要长期沉溺在负面情绪里。我们不妨问一下自己："这个人对我来说重要吗？""这个问题有多严重？如果发生在别人身上应该如何合理解决？"当我们问出自己这样几个问题后，我们就可以更加理性地面对别人的否定了。

没必要让所有的人都认同你，更没必要把自己的事情跟别人说个不停。懂你的人自然懂你，爱你的人自然爱你。

②

人活在自己心里而不是他人眼里

一个人过分关注他人的眼光和评价，把自己的人生之舵交给他人掌控，便很容易在他人的期待中迷失自我。只有学会活在自己心中，倾听内心的声音，满足自己的真实需求，我们才能找到自己存在的价值。

爷孙两人去集市上卖驴。烈日当空，两人一驴走在路上。旁边的人笑话道："这俩人真傻，有驴不骑，非要自己走，多累啊。"于是爷爷让孙子骑上驴，继续赶路。

没走多远，路过的大婶对小孙子说："你看你爷爷年纪这么大了，你好意思自己骑驴，让你爷爷走路吗？"小孙子羞得满脸通红，赶紧下驴让爷爷骑。

不久之后，又听见有人在旁边嘀咕："这老头真够自私的，自己骑驴，让一个小娃娃走在大太阳底下……"爷爷听了心里不是滋味，于是再次把孙子抱上驴背。

爷孙两人骑在驴身上，驴累得气喘吁吁。走过一条崎岖的小路，驴子终于累得倒在了地上，再也起不来了……

爷孙两人的做法看似有些荒诞，但其实生活中很多人都在这样做。朋友圈的一个点赞，能让你高兴半天；别人找你帮忙，即使让你很为难，你也一口应下；大庭广众之下，你不小心摔了一跤，便觉得脸都丢尽了，一天都抬不起头来……

有人说："不要活得那么累，你没有那么多观众。"活出了别人眼中的精彩，却迷失了自我，是不值得的。因为人总是会用自己的评价标准来衡量别人，我们自己也一样。别人符合我们的标准，我们就会表示喜欢并给予肯定，不符合就会觉得这个人不行。也就是说，别人对我们的评价是好是坏，看上去和我们有关，实际上与我们和他们的评价标准是否匹配的关系更大。

心理学上有这样一个观点：我们内心缺失什么，就会向外界寻求什么。我们在很小的时候，可能就形成了这样的思维模式，即非常在意外界的反馈。我们希望得到父母的认可，就去做能让父母高兴的事，哪怕自己并不喜欢；我们希望得到老师的认可，就努力完成老师布置的各种任务，哪怕自己觉得很累。我们对自我的认识和肯定，来自他人的反馈，这无可厚非，但为了别人的"好评"，选择一味地"讨好"，只会让自己感到委屈和压抑，并逐渐迷失自我。

曾有记者问英特尔公司前 CEO 安迪·葛洛夫，有什么是他在不在乎的事。他肯定地回答道："其实很多事情我都不在乎，我不在乎别人怎么看我，我只想我应该做什么。"取得成功需要的是自身的能力，而不仅仅是他人的肯定。我们活着不是为了让别人看，而是为了取悦自己。

杰克·伦敦在《海狼》中这样写道："每一个人都把自己当作钻石，而在别人看起来，却只不过是钻石的同素异形体：碳。"当我们总是因为别人的眼光而患得患失的时候，我们具体该怎么办？

👍"我没有想象中的那么重要"

如果我们很容易因为别人的想法而受到困扰，那我们不妨转换一下自己的思维方式，对自己说一句"我没那么重要"。上班路上摔了一跤，你觉得无地自容，觉得谁都在嘲笑自己，这个时候多说几句"除了我自己没人会在意""我没我以为的那么重要""大家都在忙呢，一会儿就忘了"……然后你再去看就会发现，周围好像真的没几个人在意你。

👍划清界限

如果别人稍微脸色不好，我们就立马开始反思，是不是自己哪里做得不好，或者是不是自己说错话了，那么我们就需要重新给自己划清一下界限。别人的情绪是别人需要考虑的问题，我们只需要考虑我们自己是不是开心，是不是舒服。比如，另一半是不是晚回家，这是他的事，要不要等他才是你该考虑的问题。

我们都是大海里的一滴水，荒漠中的一粒沙，没那么重要，又何须在意别人的看法？生活是给自己过的，而不是过给他人看的。

3

克服"玻璃心"

　　生活中有很多"玻璃心"的人，他们对别人的评价极其敏感，但凡受了半点委屈，或是所发生的与自己期待的不一致，就会陷入无尽的悲伤和挫败中，内心脆弱得就像玻璃一样，一碰就碎。这样的人很容易被自己的情绪引导，他们会因为别人的肯定和赞赏而大感满足，也会因为别人的批评或不悦而情绪崩溃。

　　在街上向朋友打招呼，对方没回应，就怀疑对方是不是看不起自己；给对方发信息，很久没收到回复，就觉得对方没把自己放在眼里……"玻璃心"的人常常会因为对自己缺乏正确的认识而过分在意他人的评价，本质上其实是自卑。要想让自己摆脱自卑的困局，最重要的是成为一个不受他人言行影响，内心足够强大的人。

　　内心强大的人首先要能正确地认识自己，尊重自己的感受，放弃一些没有意义的认同感，建立起对自我的认同，无条件接纳和认可自己。只有这样，我们才不会对别人的负面评价反应敏感，更不会被生活中那些鸡毛蒜皮的小事干扰，无论遇到怎样的机遇和挑战，都能永葆初心，坚定自我。

法国画家萨贺芬，曾经是众人眼中的"怪胎"。她白天忙于打零工赚点微薄的生活费，晚上则一头扎进绘画创作中。周围的女工都嘲笑她说，买颜料的钱还不如用来买点炭火取暖实在。萨贺芬不为所动，默默无闻地坚持了40年，直到她的作品被法国艺术评论家伍德一眼看中。伍德当即表示要资助她继续学习并开画展，于是萨贺芬更加热情地投入到绘画中。

然而，战争爆发了，萨贺芬的梦想破灭了。在被战乱和贫苦摧毁的家园中，与周围人的麻木度日不同，萨贺芬仍旧保持着对画画的热情，哪怕每天只吃一顿饭，也要尽可能地多画画。

当伍德再次遇到萨贺芬时，他震惊地发现萨贺芬非但没有放弃画画，绘画技巧反而更纯熟，还多了很多更优秀的作品。最终，在伍德的帮助下，萨贺芬成了青史留名的画家。

内心强大的人常常有稳定的自我价值感，即使自己"不够好"，也相信自己有价值。他们即使不能完成某项工作、不擅长某项运动、没有实现期待，也不会否定自己的价值。内心强大的人也不会把自我价值寄托在一个单一的外部维度上。如果将一份体面的工作、有人爱、孩子优秀等加入自我价值体系，那么就很容易造成自我价值感的崩塌。只有更少地依赖外部，更多地注重自我，我们才能在波动的评价中保持稳定的自我价值感。

内心强大的人往往能在无法消解的孤独中发展出"自我依靠"的力量。心理学家欧文·亚隆将孤独分为三种，即心理孤独、人际孤独和存在孤独，其中前两种是可以通过努力改善的，而存在孤独则是无论如何都无法消除的。

有些人谈恋爱可能并不是因为有多喜欢对方，而是受不了在喧闹的节日气氛下一个人孤寂的状态。那些为了证明自己不孤独而去盲目"合群"的人很可能内心更孤独。面对"天生孤独"的处境，内心强大的人不仅能平静地接受这份孤独，还能在这份孤独中培养为自己负责及自我创造的能力。越能享受孤独的人，越能孕育出更加坚实的自我。

要想成为一个内心强大的人，具体要怎么做？

👍 忍受不确定

面对外界的评价和种种不确定的变化，我们不用太担心，更不要为此影响判断和行动。除感知和规避必要的风险外，我们可以尝试着与这些"不确定"共存，去做那些能真正让自己感觉到活着有意义的事情。

👍 多结交一些内心强大的人

多和内心强大的人接触，看到的多了，阅历丰富了，对一些事情自然就见怪不怪了，内心也会慢慢强大起来。

脆弱的玻璃经不起风浪的洗礼，主宰自己命运的只能是自己。唯有坚定强大的内心，才是乘风破浪的基石。

别跟着身边的人诚惶诚恐

面对未知的事情，我们很多人都会无来由地产生一种紧张、恐惧的情绪。尤其是当身边人开始恐慌时，我们也会跟着诚惶诚恐，如临大敌。

日本的核泄漏事件没过去多久，又爆出消息称碘盐可以防止核辐射。而海水可能因被核污染导致海盐无法再被开发和食用，于是一夜间便爆发了席卷全国的"抢盐潮"。

原本一两元钱的食用盐一度上涨至 5 元甚至 10 元，群众的大批量采购，直接导致库存充足的各大超市、商店都闹起了"盐慌"。

且不说盐到底能不能防核辐射，仅作为生活必需品，一旦短缺，我们的生存都会受到很大威胁。"抢盐潮"带来的恐慌潮，是本可以避免的"人祸"。

不仅"抢盐",我们还在甲流时期抢大蒜,在高温的时候抢绿豆……"抢"出于很多心理因素:一是因为危险或威胁产生了一种不安全感;二是因为未来的不确定,认知的不全面;三是因为环境的失控感,似乎所有人都在"抢",诱发了从众心理和群体恐慌感。

远古时期,人类为了抵抗野兽的侵扰,躲避大自然的灾难,而"聚族而居"。面对风雨雷电等未知的自然现象,人们很容易出现恐慌情绪。而这种情绪会传染,它以最快的速度在族群中传播开来,而且越传越夸张,越传越严重。慢慢地,人们似乎可以通过他人的语言、表情、肢体动作等来判断恐惧,看到别人惊慌,自己也会感同身受,由此便引发了各种各样的群体恐慌现象。正如社会心理学家勒庞所言:"无论组成群体的成员是谁,他们的生活模式、职业、性格和智慧是否相似,一旦卷入群体中,他们就具有了一种集体意识。"

从心理学的角度而言,个人的恐慌感反映了人们对于安全感和归属感的需求。而从社会性的角度来看,群体恐慌心理则是对社会的一种不确定和不信任,是个体对于自身所处环境失去掌控之后的应激反应。

群体性恐慌不是一种单一的情绪,而是以焦虑为底色,兼有恐惧、抑郁、内疚等负面情绪在内的情绪综合征。当面对突发事件或群体危机时,群体性恐慌就会席卷而来,继而引发更大的混乱和灾难。

我们对所恐惧的对象越不了解,越感到不可控制,就越感到恐慌。所以,应对群体性恐慌最有效的方法就是了解事情的真相。危机期间,信息传播会变得异常迅速,但是并非所有信息都真实准确。我们要坚持从多个可靠来源获取信息,避免被虚假或夸大的消息所蒙蔽,确保信息的准确性,这有助于我们减少不必要的恐慌。

在群体恐慌时，我们还很容易受到群体情绪的影响，变得难以独立思考。所以，培养独立思考的能力是有效应对群体恐慌的关键。我们要学会冷静客观地分析信息，鉴别真伪，权衡不同的观点，从多个角度思考问题，最终做出明智的决策，不要轻易陷入恐慌的情绪波动中。

👍 保持情感联结

在困难时期，我们要与家人、朋友、同事保持联系，相互打气，分享彼此的看法和情绪，减轻心理上的压力和恐慌感。此外，我们还可以通过社交网络实现情感支持和信息共享，帮助自己和他人建立互助互信的情感联结。

👍 模拟危机情境

我们可以通过模拟应对不同的危机情境，如地震来了怎么办，山洪来了如何应对，等等。提前制订好行动计划，准备好应急包裹，可以帮助我们在面临突发事件时能够更从容、更积极地做出反应，提升自己的应变能力，减少群体恐慌情绪的传播。

生活中，群体恐慌事件不可避免。群体恐慌会影响个体情绪，个体情绪同样也会影响到群体情绪，我们只有保持理性和冷静的心态，并通过积极的行动，才能更好地应对。

社交焦虑: 大胆点，你没那么多观众

PART 7

将抵触情绪消弭于无形

抵触情绪是我们在面对新事物、感受新体验时常常会产生的一种消极情绪。它让我们感到不安、惶恐，甚至想要逃离。我们只有将抵触情绪消弭于无形，才能以更积极的心态拥抱新事物。

刚毕业那几年，周娜非常热衷于同学聚会，有时候甚至还会主动承担起组织者的责任。可是工作几年后，她便开始抵触起这些聚会了。因为周娜逐渐发现同学聚会变成了"炫富会"，大家似乎都在心照不宣地显摆自己过得如何如何好。

有一次聚餐，其中一个同学突然说起了自己在各个国家的购物经历，在场很多同学纷纷加入。而经济条件不那么好的周娜为了避免尴尬，只得低头玩起了手机。自此，周娜便再也不去参加同学聚会了，即使被邀请，也会以没空为由推托掉。

抵触情绪源于我们的防御心理，一旦个体认为某些事物会对自己构成威胁，包括面临惩罚或感到挫败和羞耻等，就会产生想要远离的情绪。比如，一个人从小被忽视，感受不到关心和在意，那么他表现出来的防御心理很可能就是自恋。如果别人告诉他他很自恋，那么他多半会矢口否认，并且对此感到非常抵触。

抵触社交正是因为在人际关系方面存在着防御机制，这样的人因为害怕维持不了一段正常的社交关系，害怕自己会因此受到伤害，便产生了回避和抵触的心理。比如，一个人在面对新的工作环境时，很容易感到不适应，害怕被孤立，害怕同事不配合，时间久了就会产生"同事不友好""没人关心我"等想法，继而产生"既然大家都不理解我，那么我就不和你们接触了，省得到时候被你们欺负"的心理。

这种"社会适应不良心理"其实每个人多少都会有，但只要过了一段适应期，便可以自愈。我们只需要耐心地等待，不过分在意，慢慢地接触多了，抵触的情绪便会一点点消解。

《杀死一只知更鸟》中有这样一句话："你永远不可能真正了解一个人，除非你穿上他的鞋子走来走去。"我们之所以对一个人或一件事有抵触心理，很多时候是因为我们对它不了解，或者说不够了解，它让我们产生了一种不安感。其实，我们完全可以通过了解更多的信息来改变这样的心理状态。比如，当你被安排一项新任务时，你不妨先去了解一番，不要着急拒绝，说不定那是一次难得的机遇；当你被介绍给一个陌生人时，你不妨先认识一下，说不定就找到了一生挚爱，或遇到了一生挚友。

很多事情本身其实并没有什么可怕的，只是我们的心理防线过高。我们在遇到低于预期的事情时，先不要急着放弃，而要耐下性子多去尝试，打破旧有的思维定式，积极地寻找解决问题的办法。

👍 多了解，多尝试 +

做一个实践计划表，设定一些切实可行的小目标，和朋友一起去探索新事物，品尝新美食，时刻保持好奇心和探索精神。此外，我们还可以主动地与他人进行交流，鼓励自己与陌生人接触，主动打招呼，通过多次尝试慢慢降低对社交的抵触心理。

👍 与抵触的人多交流 +

面对不得不处理的人际关系，越是抵触的人越需要开诚布公地聊一聊。我们要以真诚的心去和对方交流，放下成见，多去发掘对方的优点和长处，真心夸赞对方身上的闪光点。我们如果学会站在对方的角度考虑问题，就会慢慢发现，对方根本就没有我们想象的那么糟糕。

人作为社会性动物，社交无法避免，抵触社交的情况也会常常出现。只有真正接纳自身的感受，主动尝试和体验新的事物，走出自己的舒适区，我们才能不断适应环境的变化。

② 搭讪被拒绝也没关系

尝试搭讪的成功率是50%，不尝试就是0。搭讪被拒绝也没关系，因为你们原本就是路人，但是如果搭讪成功了，你就会因此而多一个朋友，甚至成就一段姻缘。

王浩坐电梯回家的时候，遇到了一个心仪的女孩。女孩是新搬来的，就住在他家楼上。之后的一段时间里，王浩几乎每天都能在电梯里遇到女孩。王浩很想上前搭讪，但是因为上下班的缘故，电梯里总是挤满了人。大庭广众之下，王浩有些不敢开口，担心万一被拒绝，会成为邻居们的笑柄。

时间一天天过去了，一直一个人进进出出的女孩，突然有一天挽着男朋友的胳膊出现在了电梯里，王浩这才后悔不已。

对于搭讪陌生人，尤其是自己喜欢的异性，很多人都和王浩一样，心里有想法，可能一开始也有"雄心壮志"，但是真的要付诸实践，立马就怂了。

我们害怕和陌生人搭讪，一是因为害怕被对方拒绝，自尊心受损；二是担心被拒绝以后尴尬，颜面受损。其实，搭讪被拒绝太正常不过了，要是每一个都能成功那才不正常。

俗话说，一回生二回熟。和陌生人搭讪，就算被拒绝，也能锻炼胆量，积累经验，无论对方给不给我们联系方式，其实都赚了。

搭讪其实很多时候更像买彩票，是个概率问题，能有 50% 的成功率，性价比已经很高了。社交是两个人的事情，做好自己就有五成胜算，剩下的五成则要看对方。而对方如果不想认识你，或者当时状态不好，或者身体不舒服不想搭理人，又或者对陌生人抱有戒备心理，等等，都会拒绝你。搭讪成功很多时候可能只是因为自己运气好，刚好碰到了那个喜欢交朋友的人。

我们和陌生人搭讪的时候，最常见的就是遇到那种敷衍了事的类型。他们可能会出于礼貌并没有明确拒绝你，但是言谈举止中已经表明了"拒绝"的态度。这种情况，很多新手碰到时可能会深受打击，纠结于"为什么加我微信了，转头就给我拉黑了"或者"为什么给我一个错的电话号码"。这种沮丧其实大可不必，因为这可能只是对方觉得比较体面的一种拒绝方式而已。此时，我们要放宽心态，不用太"玻璃心"。

如果遇到的是那种果断拒绝你的异性，甚至还大惊小怪，一脸嫌弃，连连摆手那种，我们依然要保持自己的风度。即使搭讪失败了，我们也要礼貌地和对方道别，这样尴尬的可能就是对方了。

如果遇到那种表示感谢，但是表明自己已经有对象的那种委婉的拒绝方式，那么我们更要有礼貌地离开。我们还要感谢对方的体贴，因为这种让双方都下得了台的拒绝方式，甚至都不会让我们感到被拒绝的沮丧。

搭讪被拒绝，一点儿也不可怕，可怕的是我们因为担心被拒绝而焦虑，最终还错失了良机。我们一旦给自己贴上了"我有搭讪焦虑"的标签，那么在日后的搭讪中，就会更多地把注意力放在克服搭讪焦虑上，而不是专注于搭讪本身。搭讪被拒绝，一点儿关系也没有，多去尝试，总能找到适合我们的成功的搭讪方式。

👍 以问路为开头

如果我们在路上遇到想要搭讪的人，不妨以"问路"的形式作为开头，比如说自己刚搬过来，对这个地方不熟悉，可否让他为你指一下路，或者带你熟悉一下周围的环境，等等。这种间接搭讪的方式往往比直接搭讪要有效得多，因为这样可以隐藏"搭讪"的动机，让对方卸下防备，从而降低被拒绝的概率。

👍 聊点共同话题

在任何沟通中，找到共同话题都会让谈话变得愉快，搭讪也不例外。两个陌生人出现在同一个地方，一定会有一个可以共同关注的点，那个点就可以作为共同话题来聊。比如，你在吃饭的时候遇到一个想要搭讪的人，餐馆里的菜品或者装修风格就可以作为共同话题；你在公交车站遇到一个想要搭讪的人，那么公交车站点或者发车频率等就可以作为共同话题。

主动搭讪的背后是绝对的自信，体现的是沟通技巧，提升的是受挫的能力，结果是什么，其实没那么重要。

③

越宅越胆小，越怕见人

所谓的"宅"即"宅"在家里，不想出门。拥有"宅"属性的人，看似是不想在无谓的社交上浪费时间，其实是因为害怕见人而不能正常社交。

生活中，"宅男宅女"原本只是少数，如今似乎变得越来越多。一到周末就什么都不想干，只想躲在家里"葛优躺"，是很多打工人的现状。小"宅"一下，人之常情，但如果沉浸在"宅"的舒适圈里无法自拔，只会让自己变得越来越"社交无能"。

韩国有一档综艺节目被认为是"史上最安静的综艺"，因为节目组请来的嘉宾是五位宅男。

节目组安排这五位宅男嘉宾居住在同一屋檐下，于是患有不同程度"社恐"的五个人纷纷上演了一场又一场尴尬到抠脚的综艺秀。

　　大哥正舒服地躺在床上看电视，突然听到了门被打开的声音，瞬间紧张起来。而开门的二哥也在打开门的一瞬间意识到有人在屋里，居然条件反射般地退出门外。两位嘉宾的第一次见面就这样安静而又短促地结束了。

　　大哥和二哥在厨房里不期而遇，两人对视了一下，最终谁也没开口。为了避免过于尴尬，二哥甚至翻起了啥也没有的冰箱。半个小时后，两人才终于有了第一次对话，但相互介绍完后，再次陷入僵局。原以为四弟的突然出现，会打破这份安静，谁知，三个人虽然同坐一桌，但是居然各自喝起了咖啡，气氛异常诡异……

　　"宅"常常伴随着一定的心理问题，越宅的人往往越胆小，越怕见人。这样的人经常会因为社交问题而感到焦虑甚至恐惧，但这并不意味着他们没有社交需求。事实上，他们对于社交的渴望一点儿也不比别人少，但因为长期宅在家里，社交能力逐渐退化，最终导致社交的体验非常糟糕，而越糟糕他们就越不想出门。正如村上春树所说："哪里会有人喜欢孤独，不过是不喜欢失望罢了。"很多人之所以回避社交，正是因为不想在社交中失望。

　　不过，也有人可能觉得"宅"没什么不好，低碳、环保还省钱，而且宅就宅了又不会妨碍别人。确实如此，"宅文化"也是这么兴起的。然而伴随着"宅文化"一起出现的还有"丧文化"，宅到最后更多的其实是一种无力感和颓废感。

　　长期宅在家里，往往会宅出来各种问题，首当其冲的便是会让我们的人际交往处于非常虚弱的状态。因为宅在家里沉浸在自己的世界中，很容易让我们忽视与朋友的交流。时间长了，我们与朋友的关系就会变得生疏，即使想聊天都不知道聊什么好。宅在家里还非常容易让我们的生活失去原有的秩序，白天睡懒觉，晚上熬夜，作息不规律，身体素质变差，人也会变得越来越懒散，越来越不自信……

说到底，"宅"还是对人际关系的一种逃避：当一个人很难在人际交往中感到舒适，就会选择以逃避的形式来面对。然而，人可以避免社交吗？当然不能。与其狼狈逃跑，不如正面迎敌。

那么作为"死宅"，要如何打开社交的大门，让自己在人群中不再害怕呢？

👍 多参加户外集体活动

克服社交障碍的两个关键点是"进入集体"和"走到室外"。我们可以有选择地参加一些具有集体性质的户外活动，比如露营、爬山、跑步、骑车等。当我们打开心门，全心投入到集体活动中时，我们就会变得不那么怕见人了。

👍 多参加兴趣交流会

主动结交一些有着共同兴趣爱好的朋友，多参加感兴趣的话题交流会，分享彼此的经验和感悟。我们尝试着当众发言和表达观点时，不仅锻炼了胆量，还能不断提升社交和表达的能力。

你可以"宅"一阵子，但不能"丧"一辈子。行动起来吧，不要让"宅"变成你怯懦和懒惰的遮羞布！

④

学不会侃侃而谈，那就从听开始

著名作家、心理医生毕淑敏说："一个合格的倾听者，会给人尊重和关爱，给人的孤独以慰藉，给人的无望以曙光，给人的快乐加倍，给人的哀伤减半。"与人交往的时候，如果你不善言辞，就学着倾听，与对方用眼神、表情来交流。这样不仅可以"藏拙"，还会让你更受欢迎。

成功学大师戴尔·卡耐基，有一次受邀去纽约参加一场非常重要的晚宴。宴会上，他碰到了一位世界知名的植物学家。

卡耐基之前并不认识这位植物学家，当对方饶有兴致地对他讲起各种奇异的植物，以及培植新品植物和发展室内花园的实验时，卡耐基始终全神贯注地听着。

晚宴结束后，植物学家向主人极力称赞卡耐基，说他是整个晚宴中"最能鼓舞人心"的人，是一个"有趣的谈话高手"，还"特别会聊天"。

事实上，卡耐基在与植物学家聊天的过程中，并没有怎么说话，他只是通过认真倾听，便博得了这位植物学家的好感。

倾听在社交中往往发挥着非常重要的作用。把说话的权利交给对方，很多时候比我们侃侃而谈更有价值。每个人都喜欢被人重视的感觉，都想成为谈话的主角，一旦我们满足了对方表达的需求，对方很自然就会愿意与我们多接触、多来往。

某位著名主持人曾说："说话是一门艺术，倾听别人说话更是一门艺术，我们应该学会积极地倾听。"倾听看似简单，实则有着很大的学问。

有效倾听是有来有往的，绝不是表面上的敷衍。我们不仅要认真地听，耐心地听，还要有回应，要能给对方正面反馈。如果对方和你说话，你却在做别的事情，或者表现出心不在焉，这不叫有效倾听；如果你耐心地坐在旁边听了，但却像个木头人一样，没有任何回应，这也不叫有效倾听。倾听需要把别人的话听到心里去，真正地感受着对方的感受，并能在恰当的时候给予回应、理解、安慰或帮助，要能让对方知道我们在用心倾听，也让对方感觉到我们发自真心的认可和支持。

比如，对方说："我很喜欢下雨天。"我们可以简单附和一句："气温降下来了，确实挺舒服的。"如果对方和你的想法一致，他就会觉得跟你很聊得来；即便有些不一致，他也会很高兴跟你分享他的想法。这样一来，谈话便会更顺利地进行下去。另外，我们还可以就对方说的某个话题发出疑问，比如"然后呢""这样吗""真的假的"等，鼓励对方继续说下去。

我们在倾听的时候，需要注意哪些问题？

👍 保持目光接触

我们在倾听的时候，保持目光接触可以建立起一种信任感。通过眼神的交流，我们向对方传递出我们的关注和尊重。我们要保持专注，切忌目光游移不定，以免让对方觉得我们心不在焉。

👍 理解内容和情感

我们在倾听的时候，不仅要听对方说话的内容，还要理解对方想要表达的情感以及话语里的言外之意。我们需要从对方的角度出发，设身处地地理解对方所说的话，这样才能在做出反馈的时候，明确对方的意图，把话说到对方心坎里。

👍 避免打断对方

我们在倾听的时候，应当尽量减少不必要的发言，避免频繁地打断对方。这样不仅能够让对方更好地进行表达，也方便我们集中精力理清事情的前因后果，把握对方的主要逻辑和思路，从而找到解决问题的关键。

如果学不会侃侃而谈，那就从听开始。当你听得多了，自然就知道在什么样的场合，面对什么样的人，什么样的事情，该说什么样的话。当你听得多了，自然就知道别人是怎么想的，也会了解不同的人有着不同的喜好、习惯和生活方式，从而更好地选择说什么样的话，做什么样的事。

恋爱焦虑：拒绝
患得患失

PART

① 大龄单身青年，请放下年龄焦虑

你被催婚了吗？这是大龄单身青年闲聊时出现频率最高的话题。每天看到一大群人在朋友圈中晒结婚照、晒宝宝照片，无疑是在他们伤痕累累的心上再捅上一刀。

身边同龄的朋友都结婚了，生娃了，只有自己还单着，就会特别焦虑。

32岁的苗苗，单身，在一家公司担任留学顾问，收入不菲，有房有车。工作之余，她想去旅行，说走就走。她的父母退休了，领着很高的退休金，身体健康。

这是多少人美慕的人生，但她却对自己的闺蜜说："我中年危机了。"她说自己已经32岁了，一直单身，如今也想结婚，但一直没有遇到合适的结婚对象。如果再拖下去，不仅爸妈要急疯，她自己也担心以后连孩子都生不了了！

每逢那些适合秀恩爱的节日，比如情人节、七夕节等，大龄单身男女都会受不了，要么躲起来一个人舔舐伤口，要么找一群人狂欢掩盖自己的伤痛，再不就是发个朋友圈，调侃自己是"单身狗"。

从表面上看，大龄单身男女很享受自己的现状。可事实上，除了真正的独身主义者，他们内心其实有很强烈的危机感。尤其是看着同龄的朋友结婚生子，这种危机感简直就是切肤之痛。那么，作为大龄单身青年，如何才能放下年龄焦虑呢？

👍 拓展交际圈 +

30多岁还没对象，很大一个原因是工作太忙，很少有机会去接触异性，好不容易周末休息，也只想躺平，完全没有出去认识新朋友的欲望和动力。还有很多人几乎把所有精力都放在了工作上，无暇去消遣。

然而，要想有一段稳定的恋爱关系，就要去拓展自己的交际圈，多结识一些志同道合的人，工作固然重要，但获得足够的幸福感更重要。

👍 接受多元化的脱单方式 +

一说到找对象，我们脑子里冒出来的就是那种传统的相亲——媒婆介绍，找个地方见面，同时接受好几双眼睛的"洗礼"。再或者是大型的相亲大会，接受更多人的"审视"，从身高到年龄，到工作，再到一个月赚多少钱，被仔细盘问，要多尴尬有多尴尬。

其实，互联网时代，单身男女脱单的方式也越来越多元化了。除了传统的相亲模式，线上即时聊天、短视频、直播，也开始受到单身男女的喜爱。比如，在相亲网站上，很多人都选择了即时聊天脱单、短视频相亲交友，或者直播相亲。这样不仅节省了相亲时间，也增加了更多的机会。

👍 不断提升自己，以优秀吸引优秀

很多人都希望通过婚姻改变命运，其实改变你的不是婚姻，而是你的能力。你只有足够优秀，才能吸引优秀的对象。

那些拥有美好爱情让你"羡慕嫉妒恨"的人，不是他们运气好，也不是他们终于等来了，或者找到了所谓对的人，而是他们足够优秀。所以，请你停下刷手机的手指，扯掉塞在耳朵里听歌的耳机，放下没有营养的无聊的小说……赶紧去奋斗。

你可以学点化妆技巧提升颜值，也可以通过阅读升级认知，或者通过"充电"提高自己的职场竞争力。总之，你若盛开，清风自来。

你是焦虑型依恋人格吗

你有没有过这样的经历：在工作中明明大脑在线，但一谈恋爱就会变得特别黏人，敏感多疑，害怕被拒绝、被抛弃，以及各种担心。

徐晓琪常常和自己的男友吵架，他们最常吵架的点是关于"微信秒回"的问题。徐晓琪说自己也很矛盾，每次给男友发信息，对方超过3分钟没回复，她就会很生气和焦虑。就算后来男友回复了，甚至解释了理由，她还是会故意晾着男友，很长时间都不理他，同时希望男友能主动发现自己为什么生气，然后来哄哄自己。

遇到这种情况，徐晓琪的男友也总是很困惑，他感觉到气氛有点不对，问女友是不是生气了，对方却只冷冷地回复了一句："没有啊。"类似的情况发生的次数多了，男友也有了逆反情绪，忍不住心里嘀咕着："我又哪里招你了？"

久而久之，在男友心里，徐晓琪就成了一个极其傲娇、占有欲强、会因为很小的事情就"原地情绪爆炸"的女人。

徐晓琪也感觉自己越来越奇怪，就把自己最近的状况说给了闺密。闺密发现徐晓琪其实是把自己那些不安、害怕被抛弃、需要被关注和照顾的情绪，隐藏在了愤怒和焦虑之下。

心理学上把徐晓琪这样的人格称为焦虑型依恋人格。这种类型的人习惯用得到他人的注意来缓解自己的不安和焦虑。他们会哭、会闹，会像小孩子一样需要用一些"无理取闹"式的方法来引起身边人的注意，并以此来获得他们需要的安全感。

焦虑型依恋的人在成年后与伴侣相处时，也常常会展现愤怒、焦虑或者疏离等次生情绪。他们会要求爱人电话秒接、短信秒回，每天汇报行踪，并禁止对方和其他异性来往，甚至认为对方如果做了某些事情是"不爱"的表现。一旦不符合他们的期望，这种类型的人就会展现出巨大的愤怒和焦虑情绪来。

焦虑型依恋的人，本质上是在用愤怒和焦虑来掩饰害怕被抛弃的恐惧，他们真正追求的其实是一种稳定的安全感。但他们时常痛苦地发现伴侣根本不能满足自己，甚至根本不知道自己要的其实只是安全感。

这将给亲密关系带来很大的负面影响。当他们下意识地用愤怒、焦虑、冷漠、疏离等表面情绪来表达内心对于安全感和被关注的诉求时，伴侣不仅不能很好地领会这些行为后面的真正含义，还被这些带有迷惑性的表面情绪所干扰，而只会觉得他们很爱生气、很难哄，阴晴不定。

如果你们两个人恰巧都是焦虑型依恋人格，情况有可能更糟糕。一方感到恐惧并展现愤怒、焦虑或者疏离时，也会触发另一方的恐惧，并使对方展现出类似的次生情绪。这时就会产生夫妻关系中十分常见的"逼近—回避"的场景：一方不断抗议、逼近，索取更多的爱；另一方则不断逃避、疏离，拒绝进一步沟通。

闹来闹去，最终的结果是你没有从中获得想要的安全感，你们之间还因为闹来闹去出现了隔阂。

其实，亲密关系中最好的状态是安全型依恋，这是一种稳定和积极的情绪联系，这种方式是以爱情关系中的关怀、亲密感、支持和理解为标志的。这种类型的人认为自己是友好、善良、可爱的人，也认为别人普遍是友好可靠和值得信赖的人。他们十分容易与其他人接近，总是放心地依赖他人和让别人依赖自己。一般说来，他们既不会过于担心被抛弃，也不怕别人在感情上与自己十分亲近。

有人说过这样一句话："两个人在一起永远不要那么黏腻，不要那么依赖，因为在这个世界上你迟早会是一个人。越是依赖一个人，等那个人离开的时候就越无法接受，越无法活下去，包括心理和生活能力。"

太依赖只会让自己越来越没有安全感，所有的安全感都是自己给的。缺乏安全感时，你需要做就是让自己变得更好，让一个独立而坚强的自己给对方也给自己足够的安全感。

你要的安全感只能自己给

"我好好想了想，要不我们还是分开吧。"

"为什么？"

"这段感情让我很没有安全感……"

"安全感"这三个字，大概是导致双方一次次争吵和最后分手的一个重要原因。那么，爱情中的安全感到底是什么？

有人说，安全感是"电话24小时为你开机"。

有人说，安全感是"虽然你很忙，但只要是我，你都有空"。

也有人说，安全感是"我们之间永远透明如水，没有秘密"。

但这样的安全感，都是依赖于对方的付出。只要对方有一点做得不到位，纪念日没记住，礼物没送对，甚至一句话说错了，等等，都会让这份安全感消失得无影无踪。

晓霜是一个超级缺乏安全感的女人，每隔一段时间她就会像警察一样的把丈夫的手机搜出来，查看每一个通讯记录和每一条聊天记录。

一次，晓霜忽然发现丈夫手机上有一条看起来挺暧昧的消息，就问丈夫发信息的是谁。丈夫说是自己的一个老同学，好久没联系了，最近才联系上。之后晓霜就像审问犯人一样，一下问了好多问题。

丈夫忍无可忍，两人大吵一架。晓霜又哭又闹，质问丈夫是不是不爱自己了……

别人给的安全感，终究不靠谱，真正的安全感只有自己才能给。

安全感的根源就是信任，相信对方不会或者不能给自己带来无法承受的伤害。如果这种信任感强烈，我们就会进入一个放松和笃定的状态，否则就需要时时刻刻向外界寻找和确认"安全"。

能自己给自己安全感的人，不一定就不会遭遇另一半的背叛。他们只是不会疑神疑鬼，有一点风吹草动就在猜测中折磨自己。更重要的是，他们也不认为对方的背叛会导致自我的毁灭。相反，他们会觉得对方背叛自己只能说明对方配不上自己，失去对方对自己来说并不是坏事，自己有足够的底气过得更好。

恋爱中，能够给自己安全感的人，首先有足够的经济底气，尤其是女人。聪明的女人知道爱情和家庭不是自己的一切，更不能把男人当成唯一的依靠，婚后的女人同样应该拥有自己的事业和人生目标。

某知名女主持人在接受记者采访的时候说："女人一定要有自己的事业，千万别失去独立性！"女人如果没有自己的事业，在经济上依附于丈夫，就会降低自己在家中的地位。一些男人即便嘴上不说，也会认为是他在外面挣钱养活你、养活这个家，因此你对他的所有付出都是理所当然的，就算自己发脾气，你也该忍着。

英国现代主义女作家伍尔芙认为，经济独立可以使女人不再依赖任何人，可以平静而客观地思考，可以让自己体验"像蜘蛛网一样轻附着在人身上的生活"。

安全感不仅来自经济独立，更来自精神独立。精神独立就是勇于为自己的选择负责，敢于为自己梦寐以求的安全感买单，关键时刻不将就、不妥协、不放弃。

女人的独立不能只是单方面的独立，而是要从精神上完全做一个独立的人。在物质生活可以自给自足的情况下，思想上、精神上也能充分独立，才应该是一个女人最好的状态。

舒婷在《致橡树》中这样写道："我如果爱你——绝不像攀援的凌霄花，借你的高枝炫耀自己……我必须是你近旁的一株木棉，作为树的形象和你站在一起……我们共享雾霭、流岚、虹霓……"

在电视剧《那年花开月正圆》中，女主周莹从来就不在意别人对她的评判，她做事情总是有一套自己的方针。最重要的是，她一直知道自己最想要的是什么。她敢于质疑权威，对于不公平的事情就奋起反抗。她永远保持头脑清醒、精神独立，从不会屈从于任何人。所以，她可以得到那么多人的喜欢，生意也越做越大。

好女人就是应该做自己的精神贵族，可温柔似水，也能独立自主，稳稳地收获属于自己的幸福。

作家张燕霞在《女人有底气才从容》一书中写道："自由、从容、淡定、优雅都源自独立，独立让你不依附别人，不恐惧未来。"

恋爱中，我们要给自己一个安全的倚靠，但这种倚靠绝不是单纯的婚姻或者亲人、朋友，而是你自己精神上的独立。

爱如手中沙，攥得越紧流得越快

有时候，我们会因为害怕失去，用紧握的手把爱情牢牢抓住，却不知道这样的行为只会促使爱情流逝得更快。爱情像沙子一样，越是用力紧握，它从指缝间流走的速度越快，最终留下的只是空虚和失望。

我们常常以为真正爱一个人，就要时时刻刻把他留在自己身边，每分每秒都能够看到他，觉得这才是幸福。可事实上，我们每个人都是独立的，即使再相爱，对方也不完全属于你，而是有他自己的人生。我们不能打着爱情的名义，把一个人禁锢在自己身边。

恋爱的时候，我们每个人都会不自觉地产生占有欲，看到爱人和异性交流过于频繁，会不可避免地吃醋。这是正常的表现，但太过执着，就会伤害到彼此。要求对方事事都跟你汇报，有一点风吹草动就患得患失，这样即使你们之间的感情再深厚，也会慢慢消逝。总有一天，对方会因为忍受不了你的管制和猜忌而离开。

在电影《少女小渔》中，女孩为了能跟在美国读书的男朋友一起生活，选择偷渡到美国，并和一个当地的老头结婚，打算拿到合法的身份再离婚。

男朋友很大男子主义，对小渔的感情只有占有和掌控。而小渔偏偏又是个顺从的女孩，她只知道听男朋友的话。

小渔照顾老头很认真，很体贴，慢慢得到了老头的尊重，两个人建立了深厚的友谊。不过，她的男朋友不能理解这种友谊，命令小渔和老头断绝来往。影片最后，小渔选择继续照顾老人，放弃了总是想要控制她的男朋友。

影片的主题曲《决定》与影片主题很相符："其实我根本没有看仔细，对感情一点也没有看清……希望你别再把我紧握在你的手里啊，我多么渴望自由自在地呼吸。你知道这里的天空是如此美丽，就让我自己做些决定。"

在一段美好的感情中，一定要给心爱的人足够多的空间，让他能自由自在地去做他想做的事。不要试图去主宰什么，没有任何一个人愿意变成别人手中的傀儡。

如果有一天，你心爱的人离你远去，你会如何对待？是伤心欲绝，觉得生命里没有了他每一分钟都是苍白的，还是微笑着学会转身，努力放下过去的点滴，开始属于自己的新生活？

有的女孩，死死抓住爱情不放，唯恐它会消失；有的女孩，将男朋友当作"长期饭票"，将对方的肩膀当作永远的依靠。只因她们的内心没有足够的力量来抵抗外部世界带来的不安和恐慌，于是一有风吹草动，她们立马躲在别人身后。

殊不知，费心取悦别人，唯恐爱情逝去的日子是最煎熬的，而且越怕失去越容易失去。

其实，很多时候，只要我们舍得放手，很多问题都可以迎刃而解。只不过为了心中的那么一点点的不甘心，一味地逃避现实，便不惜付出更大的代价，我们可能随之失去的不仅仅是快乐、幸福，因为随着我们对自己人生岁月的这种蹉跎，最终慢慢会让我们连自尊都丧失殆尽，这样只会比我们失去这段感情更为悲哀。

有些东西既然不属于我们，就不要一味地争取了。有些人不值得爱，那就潇洒地放手吧。只有适当松开手指，让一部分沙子流走，我们才能够稳稳地抓住留下来的那部分。

婚姻焦虑：用松弛感来治愈

PART 9

放下你的控制欲

德国心理学家海灵格说："幸福的家庭都有一个共同点，那就是家里面没有控制欲很强的人。"婚姻是有着独立思维和认知能力的两个成年人之间的约定，过多地把控对方，只会压得人喘不过气来。幸福的婚姻，和谐的家庭，不在于谁能控制谁。

因为觉得老公不配合自己教育儿子，张雯拉着老公去看心理医生。

心理医生和夫妻两人单独进行了谈话。谈完后，心理医生对张雯说："我见完你们两人后，发现你老公一点儿问题也没有，有问题的是你。"

多年以后，张雯突然想起来那个心理医生，便问老公当时对方都跟他说了些什么。老公回答道："他说，'都是你的问题，你老婆一点儿问题也没有'。"

在婚姻中，我们常常会把自己的想法强加给对方，然后理直气壮地要求对方做出改变，丝毫不考虑对方的处境和意愿。这种要求和服从逐渐变成一种固定模式，让原本充满爱意的关系变得疲惫和无趣。

我们一直都有一个价值观，觉得控制就能得到，想得到更多就要加强控制。可事实上，在人际关系中，越控制往往结果越糟糕。

在建立感情的初期，我们或许能够掌握主导权，很轻易让对方满足自己的需求。但随着时间的推移，伴侣往往就会因为积压了太多的压力和痛苦感受而开始反抗，我们因此感到"失控"，便开始焦虑。这份焦虑迫使我们更加密切地关注伴侣的一举一动，企图通过掌控对方来获得自身的价值感和安全感。然而，这份日益膨胀的控制欲只会让对方感到窒息甚至绝望。当我们一次次试探对方是否还爱我们时，我们感受到的只有疏离、冷漠和排斥，我们与对方的关系也一步步走向破裂。

要想放下这样的控制欲，首先要管理好我们自身的焦虑感。婚姻中的两人是平等的，我们要放下对情感过度的执着，接受失控，而不是把自身的价值感和安全感建立在对对方的掌控上。事实上，我们所体验到的焦虑感，是我们对对方抱有了过高的期待。期待可以有，但过高的期待就会变成两个人的负担。我们需要放下过多的期待，把注意力放到自己身上。与其妄想掌控别人，不如先学会保持自律。

一段充满控制、被控制和反控制的婚姻一定是痛苦的。每个人都是独立的个体，我们想要精准地控制自己都难，何况是要控制另外一个人。我们不妨学着放下我们的控制欲，给彼此一定的空间，不过多干涉，守好边界，把握好分寸。

👍 坚持非暴力 ✤

　　婚姻中的暴力行为是控制欲的极端表现，无论是身体暴力还是冷暴力，都是一种想通过强迫手段控制对方，让对方符合自己要求的行为，应该极力避免。暴力自不必说，真正容易被忽略的是冷暴力。像冷战、指责、猜忌、怨恨等各种负面行为，日积月累只会一点点消磨彼此的爱恋和信任。虽然在婚姻生活中大家难免瓢碗碰锅盖，偶尔发点脾气在所难免，但是一定要有"非暴力"的共识，任何问题都要在情绪平复以后通过沟通的方式去解决。

👍 保持沟通 ✤

　　婚姻关系也是一种人际关系，沟通非常重要。只要有沟通，哪怕是吵架那种有副作用的沟通，都还有维持婚姻关系的希望。面对分歧的时候，我们首先要学会充分理解对方的想法，然后再充分表达自己的想法，最后再进行协商和调整，争取达成一致意见。在沟通的过程中，最重要的是不要强迫对方接受自己的观点，即使最终双方没能达成一致意见，也要允许彼此保留自己的观点。

　　婚姻不是控制彼此的牢笼，家是一个人能够自由呼吸的地方，放下控制是帮自己解脱，也是对另一半的爱和信任。

②

解决冲突可以不用争吵的方式

在婚姻中，我们会遇到各种各样的矛盾和冲突，比如家务的分配、金钱的管理、亲友的相处、孩子的教养、情感的经营等。这些矛盾和冲突常常会引发大大小小的争吵，处理不当，还可能直接导致婚姻的破裂或家庭的不幸福。

杨绛和钱钟书年轻的时候，都是个性很强的人。一次，钱钟书在读一个单词的时候，杨绛指出他的发音不准确。钱钟书有些不服气，坚持说自己读的才是对的，于是两人为此争吵了起来。结果，两人火气越吵越大，甚至开始恶语相向。

最终杨绛吵赢了，但她却感到非常难过，因为为了一个单词相互伤害简直太不值了！冷静下来后，杨绛和钱钟书约定，以后再也不做无意义的争吵了，有不同意见，完全可以各持己见，没必要急于求同，有冲突也可以好好解决，不是非要吵架不可。

吵架是出于解决冲突的目的，但是吵着吵着我们就会发现，吵架已经不是在解决问题了，而是变成了一种情绪的发泄。

争吵的爆发，很多时候是因为我们觉得自己被对方忽视了。生气、委屈等负面情绪的产生可能有各种各样的原因，但情绪的爆发往往是因为我们觉得自己的情绪没有被对方照顾到。

"你怎么到现在才回来？现在都几点了！"这句话看似是指责，实则是觉得对方不重视自己而感到委屈。"你就不能偶尔把家里收拾一下吗？看，都乱成啥样了！"这是觉得对方不体谅自己的辛苦。"你干脆和游戏结婚算了！"这是觉得对方不关心自己……每一句争吵和指责，其实都是在说自己的付出没有得到对方的认可。

也就是说，如果从一开始一方的委屈就能够被看到，不满的情绪能够被接纳，那么也就没有那么多带有攻击性的语言和偏激的行为了。所以，我们正确表达自己的情绪，让对方准确感受到自己的委屈，往往就可以通过不吵架的方式来解决冲突。

表达想要的，而不是不想要的。我们要学会正面表达，让对方知道我们的想法。比如，当我们遇到不开心的事情时，千万不要做无效沟通，说"你都不关心我"之类的话，这不是在表达自己需要什么，而是在表达自己不要什么。对方听完很可能依旧一头雾水，也不知道自己到底哪里做错了。正确的说法应该是："我今天被老板批评了，很不高兴，我想让你安慰我一下。"这时，对方立刻就知道你的需求，然后抱抱你，给你安慰，或者带你去吃顿大餐放松一下。

表达感受，而不是情绪。当想要发火的时候，我们要表达我们是愤怒的，而不是愤怒地进行表达。比如，我们经常对伴侣说"你太过分了"或者"你怎么这么自私"，这是在愤怒地表达我们的不满。此时，被指责的对方很可能会反唇相讥："我怎么过分了？你比我还自私！"然后双方就会吵起来。如果我们说"你这样做，我很难过／生气／伤心"，这就是在表达我们的感受，对方听到后通常会心软，甚至感到愧疚，从而更能意识到并接受自己做得不对的事实，这样双方基本上就很难再吵起来。

夫妻之间的冲突本可以不用吵架的方式来解决，那么还可以用什么方式解决呢？

👍 寻找共同目标 ✦

当我们和伴侣之间发生矛盾和冲突时，我们要冷静且明确地表达自身的需求，并找到可以同时满足双方需求的解决方案。即使不能完美符合双方的需求，我们也要尽量找到彼此需求的平衡点，找到一个共同的目标。共同目标更容易让我们达成一致，也更容易让我们妥协和相互迁就。

👍 学会分工合作 ✦

家务活儿往往是夫妻之间产生冲突的主要源头，为了避免双方因琐事发生争吵，我们可以提前明确好家务的分工。我们可以共同商讨并制定出一份明晰的家务分工表，并根据实际情况进行相应调整，帮助双方了解自己的职责。

婚姻是一种美好的关系，也是一种复杂的关系。解决夫妻之间的冲突可以不用争吵的方式，只要我们正确认识冲突，并且提前制定好规则，就可以建立有效的冲突化解机制。

③

真正好的婚姻，往往都很"自由"

婚姻中的双方，在一起生活久了，因为"夫妇一体"，便常常会忘记他们原本是两个人。我们会在不知不觉中要求对方跟自己一样，不仅三观要一致，生活习惯要一样，对待人和事的态度、评价也要一样，否则就会试图改变对方，让对方变得跟自己一样。最后的结果是，谁也改变不了谁，只会相看生厌。

婚姻不是束缚，不是放弃自己的生活，两个人的关系无论再怎么亲密，始终都是拥有独立意识的两个个体，都需要有各自的"自由"。这种自由，不仅是可以坚持做自己的自由，也是允许对方做自己的自由。

谈恋爱的时候，阿珍和阿强总是如胶似漆地腻在一起，满眼看到的都是对方的好。尤其是阿珍，约会的时候，总喜欢把头贴在阿强身上，阿强也因此感到很幸福。

结婚以后，生活在了一起，阿珍还想要每天都和阿强黏在一起，就连阿强和哥们、同事们出去聚会也一定要跟着。阿强觉得自己一点私人空间没有，朋友们也嘲笑他是个"妻管严"。阿强经常为此闷闷不乐，甚至生出想要逃离阿珍的念头。

恋爱的时候，两个人没有条件每时每刻都在一起，还有属于自己的私人空间，因而会想要整天黏在一起。可是结婚以后，两个人共同面对生活，吃喝拉撒睡都在一起，如果一方还想要每时每刻都和对方在一起，那么另一方往往只会感到窒息。每个人在结婚以前都拥有着各自的生活空间和固定的生活方式，如果因为结婚就剥夺了对方的一切，对方肯定会有所不适，甚至出现厌烦和想要逃离的情绪。

给彼此一定的自由空间，也是为了给婚姻保持新鲜感。两个人在一起时间长了，就会很容易出现情感疲劳，即使是床头的白月光也很容易变成嘴边的米饭粒。正所谓距离产生美，给彼此保留一份神秘感，可以让双方之间更有吸引力。

事实上，真正好的婚姻，往往都很"自由"。

👍 尊重对方爱好的自由

戏剧家吴祖光和评剧表演艺术家新凤霞，一个爱写，一个爱唱，两人结婚后依然坚持着各自的爱好。即使当时评剧被认为是"下流戏"，吴祖光也始终支持妻子的爱好。而新凤霞也尽心尽力地打理着两人的生活，让丈夫能够更好地钻研戏曲创作。

太宰治在《人间失格》中写道："一千种厌恶才能生出一个爱好。"爱好不是一件随随便便的事情，拥有爱好本身就很幸福。在婚姻生活中，支持对方的爱好，就是支持对方快乐地过日子；给予对方爱好的自由，就是给予对方一个幸福的承诺。

👍 尊重对方意见的自由

婚姻是由两个人组成的，每个人都需要有自己的想法和决断力。如果一方失去这种决断力，过于依附和盲从另一方的想法和决策，婚姻关系的天平往往就会失衡。不同的两个人有着不同的观点和考虑再正常不过，双方应该在平等的基础上，充分尊重对方的意见和决定。

👍 尊重对方谈钱的自由

有人说，世界上百分之九十的问题都能用钱解决，而剩下的百分之十，也可以用钱来缓解。婚姻的围城，常常以爱的名义跨入，最终总会落到柴米油盐的琐碎当中去，而这些琐碎永远与钱脱不了关系。所以，婚姻中不怕谈钱，谈钱就是谋划生活、规划未来，谈钱不会伤感情，不谈钱反而会在婚姻里埋下不幸的隐患。

👍 尊重对方自我成长的自由

"导弹之父"钱学森潜心科研30年，他工作再重、压力再大也没有要求他的妻子蒋英做全职太太来照顾家庭。而蒋英在默默支持和陪伴丈夫的同时，也从未放弃过自身的成长，最终成为享誉世界的女高音歌唱家。婚姻生活离不开相互扶持，好的婚姻是对彼此的成就。婚姻双方只有共同成长，才能遇见更好的彼此，收获美好的婚姻。

婚姻不是占有，而是给予彼此自由。不幸的婚姻各有各的不幸，而幸福的婚姻往往都拥有自由。

$$4$$

互相包容，相处不累

法国作家安德烈·莫洛亚说："在幸福的婚姻中，应该尊重对方的趣味和爱好，认为两个人要有同样的思想，同样的性格，是最荒唐的念头。"婚姻不是改变，而是包容，包容对方的缺点，包容对方的爱好，包容对方的生活习惯和行为方式。唯有相互包容，才能相处不累。

大文豪钱钟书先生在生活中其实是个笨手笨脚的人。妻子杨绛在医院生下女儿后，需要人照顾，结果钱钟书每一次来照顾，都要"闯祸"：不是墨水洒了，把桌布弄脏了，就是把灯弄不亮了，要么就把门弄坏了，关都关不上。

杨绛并没有指责，反而安慰他"没关系，桌布脏了我会洗干净的""灯／门坏了，我会修呢"。温软的话语让原本忐忑不安的钱钟书很是感动。在他心里，妻子永远是那个"最贤的妻，最才的女"。

原本无关的两个人，生活在同一屋檐下，怎么可能处处协调一致，总有碗勺碰锅盖的时候。而且，人无完人，我们自己也并不完美，就不要要求伴侣完美了。如果我们总盯着对方的缺点不放，结果只能是自己闹心，对方烦心。

莫洛亚说："当你真心爱一个人时，那人除了有崇高的才能外，他还有一些可爱的弱点，这也是你爱他的关键。"包容对方的弱点，而不是试图改变对方，彼此心存善意、接纳和欣赏，婚姻才能长久保鲜。

能够用心听对方夸夸其谈是一种包容。伴侣在你面前夸大其词，很多时候是一种不自信的表现，我们如果嗤之以鼻，当面拆穿，对方很可能会面子上挂不住，以后也就不会再跟你分享他的感受和心情。而如果我们认真听、笑着听，给予积极的反馈，不仅能给对方情绪价值，还能让对方觉得你善解人意，然后反过来更加爱你、包容你。

能够允许对方沉迷于一些没意义的小事是一种包容。比如，对方喜欢拆卸各种东西，拆完又装不回去；有事没事就去钓鱼，空耗一天一无所获；偶尔沉迷于打游戏，打到激烈处甚至"口吐芬芳"……这些无关紧要的小事其实不用太计较，因为这不过是对方用来缓解心理压力、发泄负面情绪的一种方式而已。不过是90分钟的球赛，让他看完不会有什么影响；忘记纪念日可能是因为太忙，并不代表他不爱你了；不用总盯着他是不是又从中间开始挤牙膏；吃饭的时候发出声音也没什么大不了……

在对方不思进取的时候，能够适当保持沉默也是一种包容。没有人能够一往无前，每个人都有周期性懒惰和情绪波动的时候，这是再正常不过的心理缓冲期和行为调整期，鞭打快牛的结果只会适得其反。事实上，我们只需要默默支持，用心陪伴就好。

风使劲吹，想把人的大衣吹掉，结果人因为冷反而把大衣裹得更紧了；太阳照耀着人，人感到温暖便自己脱掉了大衣。仁慈和友善，永远比愤怒和强暴更为有力，温和的宽容反而能爆发摧枯拉朽的力量。男女之间相处，过多的争辩和反唇相讥并不可取。面对最爱的人，包容一下又何妨？

👍 接纳

包容意味着接纳对方的全部，包括对方的优点和缺点，过去的经历和当下的处境。每个人都有自己的个性和行为方式，我们不要试图去改变对方，而是要接受对方的真实面貌。

👍 理解和体谅

我们要尝试着站在对方的角度考虑问题，尽可能理解对方的行为和动机，体谅对方的付出和不容易，关心对方的需求、期望和内心感受，积极倾听和沟通，给予支持和激励，避免误解和猜忌。

三毛说："爱情就像在银行里存一笔钱，能欣赏对方的缺点，这是补充收入；容忍缺点，这是节制支出。"两个人能相遇是因为缘分，两个人能相守是因为包容。世界上没有100分的另一半，只有50分的两个人。你为我剪掉多余的枝，我拥抱你身上的刺，如此，才能共携白首。

失去焦虑：不怕
失去才不会失去

PART 10

1

相较于获得，我们更害怕失去

经济学家丹尼尔·卡尼曼和阿莫斯·特沃斯基曾提出过一个概念，叫作"损失厌恶"。它指的是，在同等数量的收益和损失面前，人们更厌恶损失。简单来说，与获得相同价值的东西相比，人们更害怕失去已经拥有的东西。这个理论被广泛应用在消费、投资、股票交易等领域。

对我们来说，失去的痛苦会大于得到的快乐。可以说，厌恶损失是人性中的一个弱点。最典型的就是赌博，输了的人很难离开，通常会想办法翻本。跳槽也一样，即使新的职位很好，很多人也会因为贪图稳定，而留在原位。

《成败之因》的作者弗雷德·凯利讲过一个故事：

一个小男孩在路上看到一个老人在抓火鸡。他设计了一个专门的装置，是一个大笼子，上面有一扇活动的门，门上有一个支架，支架上还系着一根绳子。为了引诱火鸡，他还在笼子里面和外面撒了很多玉米。当火鸡进入笼子里时，他就能在远处通过绳子将门关上。

一天，笼子里进入 12 只火鸡。没多久，有 1 只跑了。老人很后悔："唉，早知道这样，刚才有 12 只火鸡的时候就该拉绳子。再等 1 分钟吧，可能刚才那只还会回来。"这时候，又有 2 只跑走了，老人自怨自艾道："有 11 只就应该满足了。好吧，这次再多进来 1 只我就关门。"

此时，已经陆续有 4 只火鸡跑了，老人觉得曾经有 12 只火鸡，但是现在只剩下 8 只，太少了。他总觉得之前跑掉的火鸡会再回来，就一直等着，结果最后只剩下了 1 只。老人还想只要再进来 1 只，他就关门。没想到，最后那只火鸡也跑走了，老人只能空手而归。

人之所以会厌恶损失，其实是出自人类的本能。我们本来就有厌恶损失的倾向，这和人类自身的进化过程有关。人们在长期进化的过程中，要面临极为恶劣的外部环境，所做的每一个决定都关系到生存和死亡。为了提高生存率，人们就更加厌恶损失。

然而，我们如果把得与失看得太过重要，以至于不愿意承受一点点可能的损失，就会变得患得患失。在面临新的机会和眼前的收益时，我们自然就会为了如何选择而感到纠结，总想要"两全其美"。这种纠结可能会让我们犹豫不决，从而错失更好的机会和更高的收益。

厌恶损失的心理不仅会让我们难以抉择，还会导致我们做出不理智的决定。在出现损失后，我们会感到很焦虑、很不甘心，从而想尽办法挽回损失。在这个过程中，我们可能会付出更大的成本，在不知不觉中陷入困境无法自拔，甚至踏入别人设下的陷阱。

这样来看，厌恶损失，可能反而会让我们损失更多。所以，我们要学会正确分析收益和损失，在做决策时避免只考虑到单一因素，而是要进行全面综合的考虑。只有理性地分析，我们才能权衡利弊，做出更合理的决策。

在很多事情上面，过于保守，只想守住已有的，就难以获得收益。正因为如此，我们才需要克服自己不想失去的倾向，这样才能够收获更多，永远向前，而不是原地踏步，故步自封。

那么，想要克服厌恶损失的心理，我们可以怎么做呢？

👍 冷静想一想 +

当面临失去、感到痛苦的时候，我们不妨冷静下来想一想：对我们来说，失去真的有那么可怕吗？如果现在失去了，过一段时间之后，我们还会那么痛苦吗？如果没有失去，当下也许不会感到痛苦，那么一段时间之后呢？

👍 设定止损点 +

人都会有侥幸心理，也难免会贪婪。想要避免因为不想失去而失去更多，我们应该给自己设定一个阈值或时间节点，一旦触及，就要果断放弃或做出调整。

为得与失做选择时，我们不能让感性思维占据上风，而应该保持理性，做出更明智、更符合自己长远利益的选择。这也许很困难，但是正因如此，我们才能不断地成长。

②

失业不可怕，怕的是你一蹶不振

作为打工人，失业是大家最不想面对的事情，但是在职场中，谁也无法避开失业的风险。失业对于打工人来说，是很大的打击，它意味着我们会失去工作带来的收入，而且还要面临求职的压力。

面对这种压力，很多人会因此选择"躺平"，变得颓废起来，每天在家里百无聊赖，逃避面试，害怕去找工作。但其实，失业并不可怕，可怕的是失业之后，我们怀疑自己、否定自己。

在电影《马戏之王》中，男主角巴纳姆出身于社会底层，父亲是一个裁缝。他长大后在一家商船公司工作，结果公司破产，所有员工都失业了，这让他非常沮丧。他本想要给妻子、孩子富足的生活，但是现在连家里房子漏水都没钱修。

妻子非常体谅巴纳姆，安慰他说那份工作本来就不适合他。在妻子的鼓励和理解下，巴纳姆贷款买下了一个博物馆，里面都是些模型。他和女儿们发传单，招揽游客来参观，但是只卖出去三张票，还是他的妻子和两个女儿买的。

后来，女儿无意中说起博物馆里应该有活的东西。巴纳姆灵机一动，便开始四处搜罗长相怪异但是具备特殊本领的人来进行表演，后来更是将博物馆改名为"巴纳姆马戏团"，演出大获成功。随着马戏团的影响力越来越大，巴纳姆最终成为成功人士。

失业的人肯定会很着急，长时间失业的人，更会感到焦虑。对于一个人来说，害怕失业其实很正常。这种情绪的出现有很多原因。

比如对个人经济状况的担忧，有些中年人害怕失业，是因为他们需要养家糊口，没有了收入，整个家庭都会受到影响；又比如对个人能力的质疑，他们觉得失业是对自己的能力和才华的否定，意味着自己多年来的努力将付之东流；再比如对未来的不安全感，重新找工作意味着自己要再次投身就业市场，迎接挑战，未来的职业发展道路变得不确定起来。

说到底，这些都是一种恐惧，是因为我们对自己没有信心。我们觉得自己的能力不足，害怕自己失业后从此一事无成，失去了人生的价值，成为无用之人，更害怕身边的人会嘲笑和看不起我们，这会让我们颜面尽失。

很多人还会害怕求职。其实我们害怕的，不是去找工作，而是求职失败后的失落感。我们特别不想面对那种付出时间、精力和金钱后，仍然没有收获的局面。就像刚毕业的大学生，想要在职场中做出一番成绩，却害怕在现实中碰壁。这种挫败感，是恐惧的源头，阻碍了很多人继续求职。

失业之后，人的心情肯定会受到影响。可以难过几天，但是不可以从此悲观。失业并不等于失去了整个人生，我们需要正确地看待失业，从头再来，重整旗鼓。

第一，我们要接受失业的现实，让自己重新出发。失业是已经发生的事情，我们再焦虑也解决不了问题。事情既然已经发生，我们就要坦然接受。失业并不是一点好处都没有，我们可以趁机重新给自己一次选择。

第二，失业并不意味着颓废，颓废只是我们自己的选择。失业的日子，你可以每天无所事事，失去方向，失去目标，失去自信心，也可以让自己每天过得很充实和有意义。有事情做的时候，你就不会颓废了。

第三，我们可以对自己的职业生涯进行一次盘点和规划。通过回顾自己过去的职场经历，我们可以看看自己掌握了哪些能力，犯过哪些错误，积累了哪些经验。然后，我们再想想现在自己最关注什么，想就职的岗位，自己是否具备相应的能力，如果没有，自己要如何去提升以符合要求。我们要规划好未来的求职方向，不要限定自己的发展范围，要不断拓宽视野，这样才能把握住更多的机会。

第四，给自己充电。在失业后的空闲时间里，我们要给自己的头脑充电，可以读书，学习一些专业知识，或是参加培训，报班考证。这样一来，失业不仅不能让我们停滞不前，还能让我们的能力得到提升。

无论是主动停下来，还是被动停下来，都未必是坏事。有时候，停下来是为了走更远的路。失业并不意味着失去一切，只要保持积极的心态，做好准备，我们的努力总会有一个好的结果。

3

失去，也是另一种开始

老话说："旧的不去，新的不来。"在拥有的时候，我们总是想要牢牢握紧，结果手里的东西就像沙子一样，反而流失得更快。这样其实很痛苦。如果能够顺其自然地放手，留下的空缺可能会有更好的东西来弥补。

我们经常说"得失"，人生就是有得有失，有得到就会有失去，有失去就会有得到。我们失去一个东西的时候，可能会得到另一个东西。尽管两个东西完全不同，但我们也会感觉到，失去并不完全是一件坏事。

在电视剧《我的前半生》里，美丽的罗子君在大学毕业后，听信了陈俊生"我养你"的谎言，心甘情愿地放弃工作，做起了家庭主妇。结婚之后，罗子君养尊处优，名牌加身，过上了少奶奶般让人羡慕的生活。

可是，随着老公的事业发展得越来越好，罗子君的内心开始惶恐不安，经常提心吊胆。只要有一丝风吹草动，她都如临大敌一般地"宣示主权"。结果，陈俊生不堪忍耐，真的出轨了，并且还向她摊牌，要求离婚。

罗子君一开始不愿接受这个事实，因为陈俊生是她的生活来源，更是她唯一可以依靠的大树。她苦苦哀求，极力挽留，可最后只能忍痛放手。离婚之后，她开始正视自己的问题，重新进入职场，不但变得清醒独立，还成功逆袭，完成了华丽的蜕变。她看似失去了一棵大树，却得到了一片森林。

有些人离开了，已无法挽留，只能放手；有些事情发生了，已无可挽回，只能接受；有些东西失去了，已无法找回，只能放弃。不论失去的是感情，是物品，还是舒适的生活，终究有一天我们会明白，不适合的人迟早要分开，不现实的事情迟早要放弃，不属于我们的东西迟早要失去。这时候，失去反而比拥有更让人踏实。

可能对于大多数人来说，比起拥有后又失去，不如从来都没有拥有过。我们在得到某个东西时，会觉得它属于我们，也只能属于我们，根本没想过失去，所以才会在失去时如此难以接受。

不过，有句话叫"所有的失去，都会以另一种方式归来"，对我们来说，失去往往代表着另一种新的开始。

有时候，失去是一种幸福。很多人之前谈过一场痛苦的恋爱，想分手却舍不得。可是，他们在分手之后都遇到了合适的人，每天都很幸福。我们总以为失去是痛苦的，认为失去的东西就很难再拥有，所以在失去的时候会难过、无助、迷茫，不知道该做些什么。其实，当重新拥有后我们就会发现，正是过去的失去才给了自己重新获得幸福的机会。

有时候，失去是一种得到。失去一段感情，失去一份工作，失去一笔钱财时，我们的关注点如果只放在失去的东西上面，就会沉浸在痛苦中无法自拔。但是，我们假如能够反思自己，找到问题的根源，就能够吸取教训、积累经验，避免将来再犯同样的错误。这又何尝不是一种得到呢？

面对失去，我们会不开心，会不舒服。可越是遇到这种情况，我们越是要保持平和的心态。否则，我们的状态就会很差，不但无法正确面对这件事情，也没有办法采取正确的措施去处理问题。

那么，面对失去，想要保持积极平和的心态，我们可以做些什么呢？

👍 学会独处

面对失去，我们最初的情绪会很不稳定，这时候不妨给自己一些独处的时间和空间，承认并接受自己目前的情绪。在把情绪处理好之后，我们再把状况梳理清楚。这有助于我们恢复良好的状态，继续前进。

👍 保持积极的想法

消极的思维不利于我们走出困境，更不利于我们重新找回自信。我们可以把失去看成有利于自己的事情，想想失去这些东西对我们来说有什么好处，告诉自己我们值得更好的。

每个人的生活都是在不断失去和不断拥有中循环往复。正因为承受了一次次的失去，我们才能有机会遇见更好的一切，才能一点点地成为更强大的自己。

安全感，只能自己给自己

现实中，我们常常会陷入焦虑和迷茫之中，被各种烦恼困扰。然而，真正的安全感并非来自外界，而是源自内心。日本经营之圣稻盛和夫说："能治愈你的从来不是时间，而是你心里的那份释怀和格局。不要试图从别人身上寻找安全感，能给你安全感的只有你自己。"

湘琴原本是个乐观开朗的小姑娘，自从交了男朋友后就好像变了个人一样。

湘琴对男朋友非常上心，总是给予对方无微不至的关心。随着两人相处的时间变长，湘琴越来越依赖对方，疑心也越来越重。男友晚回复或者有事忘记回复她的消息时，她便开始心慌，甚至开始"查岗"。男朋友不以为意，笑她小题大做，还幽默地打趣道："我这叫意念回复。"湘琴始终耿耿于怀，压在心头无法消散的不安感，让她痛苦不堪……

　　所谓的安全感，其实就是在面临各种人生抉择时，手里握有多少筹码。简单来说，你如果能够经济独立，基本就可以消除生活中很大一部分不安全感。从心理学的角度来说，安全感意味着一种"可获得性"，是我们对于"可获得"的一种评估。安全感会让我们有一种自信，觉得好像什么事都在掌握之中，即便出现偏差也依然有信心可以应付自如。

　　我们对于某件事物的"可获得性"越高，我们在这方面的安全感就会越强。这么看来，好像所有的安全感都建立在外界能否满足自身需求的基础上。其实不然，安全感更多的还是取决于一个人在处理问题时的心态。大部分的不安全感，其实未必是结果不够好，而是没有达到我们的预期。如果我们把安全感托付给其他人，一旦不能满足，就很容易患得患失，焦躁不安。所以，安全感只能自己给自己，我们只能通过调整自己的心态和预期，建立起对外界的信任。

　　在亲密关系中，会自己给自己安全感的人，未必就不会经历伴侣的背叛，但是他们不会在事情发生之前就胡乱地猜疑对方、折磨自己，也不会觉得伴侣背叛了自己，生活就彻底无望了。他们只会觉得对方背叛是对方的问题，是对方配不上自己，早一点认清反而该庆幸。

　　在工作中，会自己给自己安全感的人，未必就不会经历失业。但是他们知道，就算是失业了，也会有新的工作机会。世界是不可控的，任何事情都有可能发生，他们不会把规避风险的希望寄托在他人和世界的偶然性上。他们只会想办法靠自己的力量和对自己的信任，来防范和对抗潜在的风险。

　　安全感的本质其实是"自信"，当我们相信他人或外界，不会也不能给我们带来无法承受的伤害时，我们就不需要再向外界寻求和确认是否"安全"了。

👍 提升自我效能感

选择自己擅长或者感兴趣的任务，努力去完成它们，通过积累成功的经验来增强自我效能感；培养积极的思维方式，关注自己的优势和长处，学会正面看待自己的能力和成绩；持续学习和提升自己的技能和知识水平，通过不断地进步和成长，让自己变得更自信、更有力量。当我们越相信自己的判断和能力时，我们就越能给自己提供安全感。

👍 写下全部的不安

当你感到不安时，你可以尝试着把它们写出来。

比如和恋人分手了，第一步，先写下当下的情况——他离开我了；第二步，写下产生的情绪——我很难过；第三步，写下此刻涌现在你脑海中的想法——他是不是早就想跟我分手了，他是不是喜欢上别人了；第四步，写下支持这些想法的依据——他忘记了我们的纪念日；第五步，写下不支持这些想法的依据——他的手机可以随便让我看；第六步，对比两方面的依据，写下产生的新想法——他只是不再爱我了；第七步，评价现在的情绪——依然很伤心，但并不会恐慌和愤怒了。

我们把所有的不安都写下来，便能够比较客观地看待某件事情，从而不容易被负面情绪左右。

罗曼·罗兰说："只有一种英雄主义，那就是在认清生活的真相后依然热爱生活。"没有绝对安全的生活，也没有绝对令人满意的生活，我们要做的是调整心态，给自己足够的安全感。

对抗焦虑:
跟这个世界和解

PART 11

①

执念太深，就变成了心魔

弘一法师说："执念太深，就变成了心魔，不是毁掉自己，就是毁掉他人。放下执念，就是善待自己。执于一念，困于一念，一念放下，万般自在。"

佛教中有一个词，叫"心魔"，指的是人的执念太深形成一种心理障碍。有一句话叫"执念太深，终成心魔"。当一个人执着于某一种想法或是行为时，他所求的东西会成为一种执念。在这种心理的影响下，他很难保持理智和冷静，会做出一些不合理的行为。

在电视剧《花千骨》中，夏紫薰本是七杀派弟子，出于爱慕白子画的原因，她修炼成为仙子，成为可以和白子画比肩的五上仙之一。但是，奈何白子画以拯救天下苍生为己任，心中没有儿女私情，她的真情一直得不到回应。

当花千骨出现之后，夏紫薰敏锐地察觉到了白子画对花千骨的感情。这让本来就痴恋白子画的夏紫薰因为爱而不得而逐渐迷失了心智。特别是当她知道花千骨是白子画的生死劫后，为了保护白子画，也为了除掉情敌，她下定决心将花千骨杀死。

夏紫薰的执念太深，因爱生恨，最后成为堕仙，进入魔道。她设计除掉花千骨时，遭到了异朽阁的算计，害死了另外两位上仙，导致白子画为了救花千骨身中剧毒。

在见识到花千骨为救白子画倾尽所有后，夏紫薰深受感动，放下了执念，最后把毕生修为全都传给了白子画，自己因为功力散尽而死。

人活一世，都有自己的渴望和追求，比如财富、权力、外貌、爱情、亲情、友情等。可是，当这些渴望和追求过于强烈的时候，就会引起我们心中的执念。执念，既有益处，也有害处。益处在于它可以成为我们前进的动力，害处在于它会让我们的生活失去平衡，把我们送上不归路。

执念，大多来自我们的欲望和恐惧。我们渴望得到什么东西，却求而不得，就会苦苦追求。反过来，我们害怕失去什么东西，也会想尽办法，日夜提防。无论是欲望，还是恐惧，都会让我们变得执着，失去理智，甚至伤害自己和别人。

执念的本质，其实是我们对于某个事物的过度依赖。正因为我们把自己的成功和幸福都寄托在这个事物上面，仿佛是赌注一样，我们才会受困于此，难得自由。我们把自己关进了囚笼之中，根本注意不到外面的世界是多么美好。

从心理学的角度来看，执念很容易让人产生负面情绪，因为人内心的纠结会增加心理的压力。当我们执念于某事或某人时，我们会因为求而不得感到痛苦。人的心理长久得不到舒展，负面情绪总是得不到释放，就会沉浸在伤痛中，身体和心理的健康都会受到损害。

从人际关系的角度来看，执念会影响我们与别人的关系。因为执念过深时，人的心态很容易变得不好。这样的人很难去平和地面对自己和别人，容易在人际交往中变得孤僻和疏离。

只有摆脱执念，我们的内心才会真正安宁，我们才能享受到真正的幸福。那么，我们应该怎么做呢？

👍 主动止损 ╬

我们之所以会产生执念，其实是因为觉得某个人或某件事很重要，而自己又无法得到。想要减少因此带来的消耗，我们就要主动止损。与其怀抱执念，不如积极行动起来，把问题解决掉，尽快放下。

👍 和过去正式告别 ╬

没有正式的结束，人难免会耿耿于怀。一场仪式，能让我们和过去郑重告别。剪个新发型，买个蛋糕送给自己，和朋友吃顿饭，烧掉以前的日记，点燃一炷香，都能够作为告别过去的契机，帮助我们迎接崭新的未来。

想要放下执念，不能急于求成，而要循序渐进。给自己足够的时间和空间来处理这些情感，我们才能更坦然地面对未来的生活。

②

停止跟自己较劲

周国平曾说:"人生的许多痛苦,都源于盲目较劲。"很多时候,让我们感到痛苦的,恰恰不是外界的事物和别人的观点,而是因为我们自己和自己过不去。

遇到想不通的事情,我们总是不愿意放下,为此而纠结、痛苦。遇到迈不过去的坎,我们撞了南墙也不愿意回头。结果,事情没有解决,反倒让自己陷入没有意义的"内耗"之中,害得自己筋疲力尽。其实,假如我们能停止和自己较劲,那么无论遇到什么事情,我们都不会过得太差。

苏东坡曾因为"乌台诗案"被贬谪为黄州团练副使。一夜之间,他从名满天下的天之骄子变成了一名犯官。巨大的身份落差让他一度不知该如何自处。

后来,他向太守借来一块位于城东的无名高地,开始学习耕种。他向农夫学习除草、播种、施肥，并且慢慢摸索到了其中的门道。虽然比之前做官要辛苦很多，但是他也从中品尝到了劳动的乐趣和成就感。在远离朝堂的日子中，他没有纠结于过去的对错，也不再执着于命运的无常，而是创造并享受属于自己的田园生活。

值得一提的是，苏东坡并没有因为被贬的巨大挫折而放弃创作。饱经沧桑的人生经历反而激发了他的创作热情，让他写出了《念奴娇·赤壁怀古》等名篇，留下了"大江东去，浪淘尽，千古风流人物"等脍炙人口的名句，成为北宋豪放派词人的代表人物，被后世列为"唐宋八大家"之一。

佛语有云："境随心转则悦，心随境转则烦。"一个人的心境和情绪会影响他所处的环境和遭遇。心情好，环境再差，也会变好；心情不好，环境再好，也会变差。生活的压力本就让我们感到疲惫，与其无止境地纠结痛苦，为什么我们不放开自己，包容自己呢？

不跟自己较劲，就是与过去和解。我们总是喜欢回忆往事，特别是那些错误和不完美的地方。我们总会想，如果当初做得再好一点，或是做了其他选择，如今会不会不一样？其实，我们心里清楚，过去已经成为事实，幻想再多只会让自己更难受。与其在反刍中折磨自己，不如向前看，这样内心才能得到解脱。

不跟自己较劲，就是不再强求。我们总是对自己有很多期待和要求，希望自己能有很大的成就，干出一番事业，于是不顾自身实力，对自己提出很高的要求。可是到头来，我们却把自己弄得身心俱疲，望着高高在上的目标，心中只剩下失落和痛苦，甚至一蹶不振。其实，认清自己的实际情况，去追求和自己实力匹配的东西，我们才更容易成功。

不跟自己较劲，就是放下想不通的问题。为什么自己不被爱？为什么他比我强？为什么我没有成功？我们总想把所有事情都探个究竟，结果让自己钻了牛角尖。没有答案的问题，可以先放下，等待将来的某个契机，或是自己的经历更丰富的时候，时机一到，我们自然就会想通。

不跟自己较劲，就是及时转换思维。人总会遇到一些困境，有人固执地不肯放弃，进了"死胡同"不肯出来；有人自以为"山穷水尽"，变得自暴自弃、怨天尤人。其实，这世上没有解决不了的难题，有时候只需要我们转换思维，就能"柳暗花明"。

总是和自己较劲，会让我们陷入自我否定、自我攻击的怪圈里面。我们想要过得更好、更轻松，就要学会给自己"松绑"。那么，如何才能避免和自己较劲呢？

👍 接受已经发生的事情 +,

有句话叫："人生，就是慢慢接受的过程。"已经发生的事情，我们无法改变，不如承认自己"做不到"，允许自己犯错，这也不是什么大不了的事情。对于已经发生的事情，我们不如平心静气地去接受，然后再想办法去改变。

👍 调整思路 +

很多时候，所谓的困境，其实是我们自己在"画地为牢"。这个时候，我们与其困在问题之中，不如换个角度去思考，也许能想出个解决问题的方法，让问题迎刃而解。

不和自己较劲，不是听天由命，而是学会和自己和解。有了这个智慧，面对再多的难题，我们都会云淡风轻，活得通透自在。

③

不为小事耿耿于怀

英国著名作家本杰明·迪思雷利说："为小事生气的人，生命是短暂的。"我们经常说，人生短暂，不要因为一些不值一提的小事而耿耿于怀。但有些人总会因为别人的一句话、一个眼神、一个动作，感觉自己受到了伤害，过了很久仍然记得。也有些人对于过去的遗憾念念不忘，明明是不重要的事情，听到别人提起时依然很难过。

人生有很多事情都难以尽如人意，我们可以感慨，也可以发发牢骚，但是为此耿耿于怀就会影响自己的心情。尤其是我们在为一件小事而烦恼时，可能会引发"蝴蝶效应"，牵连其他的事情，搅乱自己的生活。

宋朝有位宰相叫吕蒙正，他最不喜欢与人纠缠。他刚刚当上宰相的时候，偶然听到有一位官员指着他和别人议论道："这样的人也配当宰相吗？真是太可笑了。"

吕蒙正假装没有听见，直接从这些官员身边走了过去。他身边的仆人为他打抱不平，想要去调查一下说话的人是谁，却被吕蒙正阻止了。他说："如果我知道了他的姓名，一辈子都得耿耿于怀，这又何必呢？何况，他说的这些对我来说没有影响。"人们纷纷夸赞吕蒙正有气度。

一个人对别人的诋毁和嘲讽耿耿于怀，往往是因为内心比较自卑，所以对别人的反应才会十分敏感。别人任何的言语和举动，都会让他感到受伤，甚至激活他内心曾经的创伤，所以他的情绪会瞬间爆炸。

人想要过得轻松，就不要对这些无所谓的伤害耿耿于怀，否则只会徒增烦恼。别人给我们脸色看，我们大可不予理睬，一笑置之。别人的风言风语，我们大可装作听不见，少为不值得的人生气，少在烦心事上面纠缠，不要让别人搅乱了我们的心。记住，自己的心情才是最重要的。

有人对过去的遗憾耿耿于怀，是因为这件事情引起了条件反射，让他回忆起之前的不快和难堪。这些经历让他倍感受挫，他不愿意去面对。当他再次面对相同的情境，要做同样的事情时，他仍然会失败。

人生中遗憾和失败在所难免，但就算是对遗憾和失败心有芥蒂，也不要让它阻碍了我们前进的步伐。否则的话，我们做任何事情，即便是成功了也很难感到开心，反而会变得越来越自卑，患得患失，不再自信。

对人，对事，试着保持一种宽容的态度，我们就能让自己不去计较。让自己变得更温和，我们就更容易和别人接近，也会得到更多友谊和帮助。我们不去计较，反而能得到别人的尊重，不让别人的过错伤害了自己，也不让别人的行为打乱自己的节奏。

凡事少计较，能让我们的心理变得更强大。我们与其为过去烦恼和怨恨，不如把时间花在弥补遗憾上面。再次面对同样的事情时，我们可以通过自己的努力完善它，将遗憾淡化，或是将遗憾当作动力，努力做好其他的事情。

凡事耿耿于怀，会给心灵带来沉重的负担，会挫败自己的自信，会阻碍自己的成长。弱者大多凡事耿耿于怀，而强者大多比较宽容，因为他们更懂得放下，更积极进取。

那么，我们要怎么做才能不让微不足道的小事影响自己的心情呢？

👍 学会沉默和无视

杨绛说："最高级的惩罚就是沉默，最矜持的报复就是无视。"面对别人的侮辱和伤害，我们去纠缠、去较劲、去争辩，只会弄得自己脾气暴躁，满身戾气，不如沉默以对，不要和对方计较，这样才能轻松快活。

👍 做点有意义的事情

这次考试没有考好，我们就加倍努力，争取下次考出个好成绩；这次工作犯了错误，我们就吸取教训，争取下次把工作做好。把喜欢的东西弄坏了，我们就再买一个新的。与其为过去的事情烦恼，不如花点时间做些有意义的事情，这样我们能收获更多。

我们都曾经为了某些小事情而浪费时间、耗费精力，殊不知，这样做只会让我们的人生变得更复杂。想让生活变得简单，就要学会释然。

4

你想要的，岁月都会给你

焦虑似乎已成为现代人的生活常态，如果不焦虑，反倒说不过去。工作的压力，未来的迷茫，爱情的向往，一切都在狠狠地刺激着我们的神经，驱赶着我们的脚步。每个人都急急忙忙的，即使每天见面都来不及问候一声。

人生有太多的痛苦和不幸，很多人都想要尽快活成别人的样子，完成一些事，达成某个梦想，而不是活成自己想要的样子。

在某个电视访谈节目中，有年收入破亿的创业者在现场招聘 CEO 助理。在应聘过程中，创业者对一位求职者说的一番话发人深省。

求职者是一名大一学子，性格阳光积极，在场上对答如流。当所有人都看好他的时候，招聘的老总问了一句："你为什么才读大一就来找工作？"

"因为我想早点得到更多的经验。"他有着让别人欣赏的远见和魄力。

所有的目光都聚集在老总身上。

老总缓缓地说了一句话："我觉得你过于着急了，有些事情并不是越早开始越好。做回这个年龄该做的角色，享受大学给你的自由，可能预期的收获会更多。"

台下一片沉默。

在如今这个停下脚步就要被淘汰的时代，很多时候，我们不得不逼着自己向前走。这种意义上的前进，不是真正的努力，而是一种病态的妥协。有些人所说的"出名要趁早"没有错，可是一味地往前走却不在意脚下的路，往往得不偿失。放弃不值得的努力，停下来沉淀自己，未尝不是一件好事。

努力前进是对的，但同时也希望你可以感受这一秒的阳光的温度，感受周围花草的芬芳，也希望你能明白，这个世界除了追逐之外，还有其他美好。

当你觉得人生并不是那么如意，也许再也坚持不下去了，请告诉自己："这是人生中必须经历的过程，不要急，一直走下去，迟早能遇到自己的幸福。"

时间是最好的药方，无论什么样的悲伤，时间都会把回忆里的泪水风干。相信乌云终将散去，就算人生是一场梦，即使尝遍百味也要做完。

挫折会出现，也会消失在背后，没有什么可以让你灰心。好的坏的，我们都默默接受，然后不置一词，继续生活。不要急，你想要的，岁月都会给你。你若不伤，岁月无恙。生命中的美好莫过于遇到了那个了解你所有的缺点和不足，却仍然认为你很棒的人。

纵然不开心也不要轻易皱眉，因为你永远不知道谁会爱上你那一刻的笑容。珍惜时光，珍惜自己，因为这些都不能倒带。找不到坚持下去的理由，那就找一个重新开始的理由，生活本来就是这么简单。不以结局为方向的生活态度，也是一种美。比别人优秀，并不会显得高贵，真正的高贵是不停地超越曾经的自己。

世间万物的生长和凋零，都有其时间与方式。前进一步，风景宜人；停下脚步，优雅恬静。快乐和幸福，说到底，只是心中的一种悠然与宁静。生活中没有见不到希望的绝境，一场场灾难都将是见不得阳光的浓雾，经不起颠簸的泡影。

只要你一直小心翼翼地呵护着你的梦想，你想成为的人，以及你想去的地方，终会见到破开云层的阳光。

就像作家弗朗兹·卡夫卡在《城堡》中所写的："努力想要得到什么东西，其实只要沉着镇静、实事求是，就可以轻易地、神不知鬼不觉地达到目的。而如果过于使劲，闹得太凶，太幼稚，太没有经验，就哭啊，抓啊，拉啊，像一个小孩子扯桌布，结果却是一无所获，只不过把桌子上的好东西都扯在地上，永远也得不到了。"

参加过或者观看过马拉松比赛的人，肯定会了解马拉松比赛的情况，那些刚开始跑得最快的人往往不能第一个到达终点，甚至还可能中途放弃比赛。

能够在马拉松比赛中进行最后角逐，得到冠军的人，往往是在比赛开始后，藏在人群之中，持续不断前进的人。

人生本来就是一个缓慢的过程，不论是成长还是成熟，都不要着急。任何美好的东西都需要沉淀，不可一蹴而就。